asyncio 实例集锦

Mohamed Mustapha Tahrioui 著

陶俊杰 陈小莉 译

东南大学出版社
SOUTHEAST UNIVERSITY PRESS

·南京·

图书在版编目(CIP)数据

asyncio 实例集锦/(德)穆罕默德·穆斯塔法·塔里奥著;陶俊杰,陈小莉译. — 南京:东南大学出版社,2020.9

书名原文:asyncio Recipes: A Problem-Solution Approach

ISBN 978 - 7 - 5641 - 9054 - 5

I. ①a… II. ①穆… ②陶… ③陈… III. ①软件工具—程序设计 IV. ①TP311.561

中国版本图书馆 CIP 数据核字(2020)第 149055 号

asyncio 实例集锦
asyncio Shili Jijin

出版发行:东南大学出版社
地　　址:南京四牌楼 2 号　　邮编:210096
出 版 人:江建中
网　　址:http://www.seupress.com
电子邮件:press@seupress.com
印　　刷:常州市武进第三印刷有限公司
开　　本:787 毫米×980 毫米　　1/16
印　　张:15.25
字　　数:264 千字
版　　次:2020 年 9 月第 1 版
印　　次:2020 年 9 月第 1 次印刷
书　　号:ISBN 978 - 7 - 5641 - 9054 - 5
定　　价:68.00 元

本社图书若有印装质量问题,请直接与营销部联系。电话(传真):025 - 83791830

献给我至爱的父亲母亲。

作者和技术审稿人

作者简介

穆罕默德·穆斯塔法·塔里奥（Mohamed Mustapha Tahrioui）是
一名有着 7 年工作经验的程序员，目前在 axxessio 担任高级软
件工程师。他是 asyncio 重量级项目 Telekom Smarthub 的核心团
队成员，提供他在向后兼容架构和实现方面的专业知识。他还
通过他的 IT 咨询公司 Pi Intelligence 提供全栈开发，包括使用
Python、Java、JavaScript、Docker、PostgreSQL、MongoDB 等工具。

技术审稿人简介

赛德·艾尔·马洛基（Said El Mallouki）是一名教科书式的计算
机极客，有着数十年的企业 IT 系统设计和开发经验。20 多年
前，他在德国的 IBM 生产工厂里接触到了计算机的内部结构。
目前，他在德国电信（Deutsche Telekom）担任技术主管，负责开
发自然语言理解系统的工具链。复杂分布式系统的错综复杂
性一直在他的兴趣清单上高居榜首。他拥有信息技术、商业和
市场营销三个学位，既有扎实的理论基础，又有丰富的实战经
验。他和妻子安德里亚（Andrea）以及他们 18 个月大的儿子费
利克斯（Felix）住在德国的莱茵河畔，他现在最喜欢的休闲活动
是做一个尽职的父亲。

致　　谢

我想对这些朋友表示深深的感谢：

Aditee Mirashi

Todd Green

Celestin Suresh John

James Markham

Matthew Moodle

Said El Mallouki

感谢他们在我写书过程中给我的无私帮助。

另外，尤其要感谢我的公司 axxessio 以及两位同事：

Goodarz Mahboobi

Keyvan Mahboobi

前　言

写作目的

Python 编程语言在 20 世纪 90 年代初通过线程（threading）模块采用了一个抢占式（preemptive）并发框架，该框架力求根据相应的 commit 消息模仿 Java 并发库。

在大多数 Python 解释器实现中，有一个简单却功能强大的机制在管理字节码的并发执行。这种机制被称为 GIL（全局解释器锁）。Python 解释器一次只能使用一个字节码指令。

这实际上意味着，同一时间只能运行一个线程（在一个解释器进程中）。尽管如此，底层的系统原生线程实现却有可能一次运行多个线程。

Python 线程都被分配了"公平"（fair）数量的 CPU 时间。没有使用复杂的内省（introspection）技术，这可以归结为简单/原始的基于时间的调度算法。

由于 Python 的解释器实现使用了 GIL（比如 CPython），因此以前采用多线程方法往往会产生不如等效的单线程程序的解决方案。

由于直接删除 GIL 是不可能的①，以前的尝试如 Python safe-thread 等②都失败了，因为它们会显著降低单线程的性能，所以 Python 并发解决方案就只剩下 threading 模块了。

---

① https://docs.python.org/3/faq/library.html # can-t-we-get-rid-of-the-global-interpreter-lock

② https://code.google.com/archive/p/python-safethread

什么是 asyncio?

协同并发框架 *asyncio* 是为了解决快速单线程程序的需求而编写的,这些程序不会在 I/O 密集型任务上浪费 CPU 时间。

它的原语,如协程(coroutine)和事件循环(event loop),允许开发人员只在它不等待 I/O 时执行代码并为其他任务返回控制。

小结

自从 asyncio 出现以来,它已经为 Python 语言添加了数不清的 API 和关键字(async/a-wait)。它的陡峭学习曲线让一些开发人员一直不敢尝试它。然而它是一项强大的技术,甚至被 Instagram[①] 这样的大玩家用于产品研发。

本书的目的就是想帮助更多的开发人员采用 asyncio,并在使用 asyncio 的过程中获得快乐和收益。祝你在学习 asyncio 知识的同时也可以感受到阅读本书的乐趣!

---

① https://www.youtube.com/watch?v= ACgMTqX5Ee4

目　　录

1

实例的准备工作

本章从一个非常高级的视角解释了 asyncio 是什么并将其 API 放到了一个透视图中展示，还介绍了本书采用的教学方法。

什么是 asyncio？

Python 从 3.4 版开始采用 *asyncio* 这个强大的协同并发框架。这个协同并发框架大致可以分为高级 API 和低级 API 两类，如图 1-1 所示。

图 1-1　asyncio 的高级 API 与低级 API

Python 3.7 中对 asyncio 添加了大量可用性改进，包括 `asyncio.run` API，它抽象了对事件循环的直接访问并将一些管理任务从开发人员那里抽象了出来。

因此,大多数 API 都是与协程和任务相关的。除此之外,本书还会介绍许多新奇的 API,如传输(transport)和协议(protocol)。

我们认为自底向上的方法更适合 asyncio 的教学。虽然我们将其中一些 API 归类成了低级 API,但它们通常被认为是高级 API。下一节将概述这种教学方法。

本书使用什么方法介绍 asyncio?

本书按照自底向上的方法将教学内容分为如图 1-2 所示的若干主题。

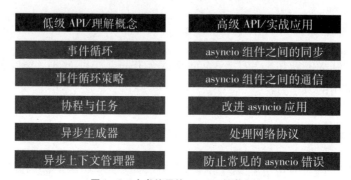

图 1-2　本书使用的 asyncio 教学方法

本书挑选主题的基本原则如下:

- 重要性:为了获得对 asyncio 的充分认知。
- 优先级:以防需要用它们来解释更高级的主题。

因为事件循环处于事件循环策略上下文中——这是 asyncio 所特有的概念,因此本书采用的方法是先引入低级概念,如事件循环、事件循环策略和监视程序(watcher)。然后,我们会介绍协程和任务 API(我认为它们也是低级的),它们抽象了异步工作单元(async working unit)。

除了介绍异步生成器(async generator)和异步上下文管理器(async context manager)这对功能强大的组合,还会介绍若干低级工具及其各自的用例。

在高级 API 相关章节中,你将了解如何:

- 确保你在同步时不会遇到竞争条件(race condition)、Coffman 条件(竞争条件的必要条件,但不是充分条件)、asyncio 版本的锁(lock)和信号量(semaphore)以及在异步代码中如何显示竞争条件。

- 让 asyncio 组件相互通信,包括如何实现传统的生产者-消费者模式、客户端-服务器模式等。

- 改进 asyncio 应用程序,包括如何迁移到新的 Python API 版本以及如何检测废弃的 API。

- 实现你自己的二进制协议和已有的协议,包括如何使用 asyncio 的强大协议和传输抽象。

- 避免常见的错误,包括如何避免太长的阻塞代码,缺少一个 await 关键字等。

选择这种方法的目的是为了让你能够真正理解 asyncio,而不需要为技术复杂性浪费大量时间。希望你喜欢这本书!

2

使用事件循环

Python 3.4 采用了一个强大的框架来支持代码的并发执行：asyncio。该框架使用事件循环来编排回调函数（callback）和异步任务（asynchronous task）。事件循环位于事件循环策略的上下文中——这是 asyncio 所特有的概念。协程、事件循环和策略之间的相互关系如图 2－1所示。

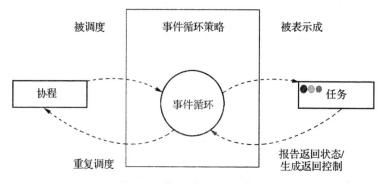

图 2－1　协程、事件循环和策略

协程可被认为是一种可以在显式地用某种语法元素标记的阶段"暂停"的函数。可以通过任务对象跟踪协程的状态，由相应的事件循环进行实例化。事件循环跟踪当前正在运行的任务，并将空闲协程的 CPU 时间委托给处于挂起（pending）状态的协程。

我们将在本章介绍更多关于事件循环接口及其生命周期的知识，还会介绍事件循环策略以及全局 asyncio API 对它们的影响。关于事件循环的概念、各种异步工作单元表示（回调函数、promise/future、协程）、事件循环特定于操作系统的原因或者子类化（subclassing）一个事件循环的指导的更多信息,请参考附录 B。

定位当前运行的循环

问题

由于各种原因,并发框架必须能够告诉你一个事件循环当前是否正在运行以及它是哪一个。例如,你的代码可能必须断言只有一个特定的循环实现正在运行你的任务。因此,只有一个任务可以更改某些共享资源或者确保你的回调将被分派。

解决方案

使用全局 asyncio.get_event_loop 和 asyncio.get_running_loop。

可选方案 1

```
import asyncio
loop = asyncio.get_event_loop()
```

可选方案 2

```
import asyncio
try:
    loop = asyncio.get_running_loop()
except RuntimeError:
    print("No loop running")
```

工作原理

在 Python 3.7 及以后的版本中,有两种有效的方法来获取当前正在运行的循环实例。我们可以调用 asyncio.get_event_loop 或 asyncio.get_running_loop。但是 asyncio. get_event_loop 内部做了什么呢? 它是一种便捷的包装器,用法如下:

1. 检查在调用函数时是否有循环在运行。
2. 如果有,则返回其 pid 与当前进程 pid 匹配的运行循环。

3. 如果没有,获取存储在 asyncio 模块里的全局变量中的线程全局(thread-global)Loop-Policy 实例。

4. 如果没有设置它,则使用一个锁以 DefaultLoopPolicy 实例化它。

5. 需要注意的是,DefaultLoopPolicy 依赖于操作系统,是 BaseDefaultEventLoop-Policy 的子类,它提供了一个默认的循环实现,称为 get_event_loop。

6. 这里有一个问题:loop_policy.get_event_loop 方法仅在主线程上实例化一个循环并将其分配给线程局部变量。

如果你不在主线程上并且没有通过其他方法实例化正在运行的循环,那么它将引发一个 RuntimeError。

这个过程有一些问题:

- get_event_loop 检查是否存在并返回当前运行的循环。
- 事件循环策略是全局存储的线程,而循环实例是本地的存储线程。
- 如果你在主线程上,get_event_loop 将实例化该循环并在策略中本地保存实例线程。
- 如果你不在主线程上,它将引发一个 RuntimeError。

asyncio.get_running_loop 以不同的方式工作。如果有当前正在运行的循环实例,它将始终返回当前正在运行的循环实例。如果没有,则会引发 RuntimeError。

创建一个新的循环实例

问题

由于 asyncio 中的循环与循环策略的概念紧密耦合,所以不建议通过循环构造函数创建循环实例。否则,我们可能会遇到作用域问题,因为全局 asyncio.get_event_loop 函数仅检索自己创建的或通过 asyncio.set_event_loop 设置的循环。

解决方案

要创建一个新的事件循环实例,我们将使用 asyncio.new_event_loop API。

注意:这个 API 不会更改当前安装的事件循环,但是会初始化(asyncio)全局事件循环策略——如果它之前没有被初始化的话。

另一个需要注意的问题是,我们将把新创建的循环附加到事件循环策略的监视器中,以确保我们的事件循环可以监视在 UNIX 系统上新生成的子进程的终止状态。

```
import asyncio
import sys

loop = asyncio.new_event_loop()

print(loop) #打印循环
asyncio.set_event_loop(loop)

if sys.platform ! = "win32":
    watcher = asyncio.get_child_watcher()
    watcher.attach_loop(loop)
```

工作原理

asyncio.get_event_loop API 仅在从主线程调用时实例化循环。不要使用任何便捷的包装器来创建循环并手动存储它,如下面的代码所示。这肯定能在任何线程上工作,并使创建的循环免除副作用(除了 asyncio.DefaultLoopPolicy 的全局创建)。

下面的代码可以证明一个循环被绑定到了一个线程:

```
import asyncio
from threading import Thread

class LoopShowerThread(Thread):
    def run(self):
        try:
            loop = asyncio.get_event_loop()
            print(loop)
        except RuntimeError:
            print("No event loop!")

loop = asyncio.get_event_loop()
print(loop)

thread = LoopShowerThread()
thread.start()
```

```
thread.join()
```

从本质上讲,这段代码包含一个获取循环策略作用域的循环的 threading.Thread 子类定义。因为我们没有在这里改变 DefaultLoopPolicy,它包含一个线程本地循环,我们可以看到只是在 LoopShowerThread 里调用 asyncio.get_event_loop 是不足以实现在实例化之前在线程中获得一个循环实例的。原因是 asyncio.get_event_loop 只是在主线程上创建一个循环。

另外,我们可以看到,预先在主线程上调用下面的代码并不影响结果,符合预期:

```
loop = asyncio.get_event_loop()
print(loop)
```

将循环附加到线程

问题

为每个线程创建一个绑定到线程的循环并可以等待其完成是一项具有挑战性的任务。稍后我们将学习执行器(executor)API,它允许我们通过在一个线程池上执行相应的调用来将阻塞(blocking)的协程调用作为非阻塞(non-blocking)调用执行。

解决方案

使用 threading.Thread 和无副作用的(除了事件循环策略创建之外)asyncio.new_event_loop API,我们可以创建具有唯一事件循环实例的线程实例。

```
import asyncio
import threading

def create_event_loop_thread(worker, * args, * * kwargs):
    def _worker(* args, * * kwargs):
        loop = asyncio.new_event_loop()
        asyncio.set_event_loop(loop)
        try:
            loop.run_until_complete(worker(* args, * * kwargs))
        finally:
            loop.close()

    return threading.Thread(target = _worker, args = args,
```

```
        kwargs = kwargs)
async def print_coro(* args, * * kwargs):
    print(f"Inside the print coro on {threading.get_ident()}:",
    (args, kwargs))

def start_threads(* threads):
    [t.start()for t in threads if isinstance(t, threading.Thread)]

def join_threads(* threads):
    [t.join() for t in threads if isinstance(t, threading.Thread)]

def main():
    workers = [create_event_loop_thread(print_coro) for i in range(10)]
    start_threads(* workers)
    join_threads(* workers)

if __name__ == '__main__':
    main()
```

工作原理

循环存在于循环策略的上下文中。DefaultLoopPolicy 检查每个线程的循环并且不允许通过 asyncio.get_event_loop 在主线程之外创建循环。因此,我们必须通过 asyncio. set_event_loop(asyncio.new_event_loop())创建一个线程本地事件循环。

然后,通过 join_threads 进行线程连接,我们可以在名为 _worker 的内部 worker 函数中等待 asyncio.run_until_complete 完成。

将循环附加到进程

问题

你有一个多子进程的应用程序,希望将其异步化。

这样设置的原因可能是主-从设置,主进程充当查询/请求的前端并将它们转发给多个实例,而这些实例又使用 asyncio 来有效地使用它们的 CPU 时间。

解决方案 1(仅适用于 UNIX)

我们希望在主-从设置中有进程本地事件循环,在所有进程(也包括父进程)中都运行事件循环。

对于这个问题,我们在进程之间共享一个字典,它保存每个进程 ID 的事件循环实例。

一个辅助函数将包含用于设置事件循环并按进程 ID 保存它的模板代码。

注意:这个例子之所以很简洁,是因为只支持 UNIX 的 API,os.register_at_fork 和 os.fork。我们没有进行任何错误处理,这将需要更复杂的设置。

```python
import asyncio
import os

pid_loops = {}

def get_event_loop():
    return pid_loops[os.getpid()]

def asyncio_init():
    pid = os.getpid()
    if pid not in pid_loops:
        pid_loops[pid] = asyncio.new_event_loop()
        pid_loops[pid].pid = pid

if __name__ == '__main__':
    os.register_at_fork(after_in_parent=asyncio_init, after_in_child=asyncio_init)

    if os.fork() == 0:
        #子进程
        loop = get_event_loop()
        pid = os.getpid()
        assert pid == loop.pid
        print(pid)
    else:
        /#父进程
        loop = get_event_loop()
        pid = os.getpid()
        assert pid == loop.pid
        print(pid)
```

工作原理

前面所示的解决方案提供了一种方法,可以在 UNIX 系统中为每个进程提供一个事件循环

并将其缓存在 `pid_loops` 字典中。为了创建一个新进程，它使用激活了 fork(2)系统调用的 `os.fork` API。fork(2)系统调用通过复制旧进程来创建新进程。因为我们调用 fork 在父进程和子进程内部创建循环，所以在 `os.fork` 调用之后 `pid_loops` 字典应该为空。我们使用 `os.register_at_fork` 注册一个钩子(hook)，用来创建一个新的事件循环实例并使用当前 pid 作为字典的键将其保存在 `pid_loops` 字典中：

```python
def asyncio_init():
    pid = os.getpid()
    if pid not in pid_loops:
        pid_loops[pid] = asyncio.new_event_loop()
        pid_loops[pid].pid = pid
```

这个操作需要先查找 pid 以确保只在没有匹配 pid 的情况下才创建和保存事件循环。这么做可以确保每个 pid 只创建一个事件循环。然后我们断言这是正确的：

```python
if os.fork() == 0:
    #子进程
    loop = get_event_loop()
    pid = os.getpid()
    assert pid == loop.pid
    print(pid)
else:
    #父进程
    loop = get_event_loop()
    pid = os.getpid()
    assert pid == loop.pid
    print(pid)
```

注意: 通过使用 `os.fork` 的返回值，我们可以区分子进程和父进程。

解决方案 2

使用更高级的多进程(multiprocessing)模块，我们可以构建一个跨平台的解决方案，在进程本地事件循环中运行多个协程。通过这种方式，我们可以绕过 GIL 强加的 CPython 限制，并利用 asyncio 来提高 I/O 密集型任务上的单核 CPU 使用率。

```python
import asyncio
import os
```

```
import random
import typing
from multiprocessing import Process

processes = []

def cleanup():
    global processes
    while processes:
        proc = processes.pop()
        try:
            proc.join()
        except KeyboardInterrupt:
            proc.terminate()
async def worker():
    random_delay = random.randint(0, 3)
    result = await asyncio.sleep(random_delay, result=f"Working
    in process: {os.getpid()}")
    print(result)

def process_main(coro_worker: typing.Callable, num_of_ coroutines: int, ):
    loop = asyncio.new_event_loop()
    try:
            workers = [coro_worker() for _ in range(num_of_coroutines)]
            loop.run_until_complete(asyncio.gather(* workers, loop=loop))
    except KeyboardInterrupt:
        print(f"Stopping {os.getpid()}")
        loop.stop()
    finally:
        loop.close()

def main(processes, num_procs, num_coros, process_main):
    for _ in range(num_procs):
        proc = Process(target=process_main, args=(worker, num_coros))
        processes.append(proc)
        proc.start()

if __name__ == '__main__':
    try:
        main(processes, 10, 2, process_main, )
    except KeyboardInterrupt:
        print("CTRL+C was pressed.. Stopping all subprocesses..")
    finally:
        cleanup()
        print("Cleanup finished")
```

工作原理

使用多进程包,我们可以在所有主流操作系统(Windows、Linux 和 MacOS)下轻松运行子进程。这个示例演示了如何编写使用多进程的应用程序。进程类在一个单独的进程中运行多个协程。在每个进程中运行的函数如下所示:

```
def process_main(coro_worker: typing.Callable, num_of_coroutines: int, ):
    loop = asyncio.new_event_loop()
    try:
        workers = [coro_worker() for _ in range(num_of_coroutines)]
        loop.run_until_complete(asyncio.gather(*workers, loop=loop))
    except KeyboardInterrupt:
        print(f"Stopping{os.getpid()}")
        loop.stop()
    finally:
        loop.close()
```

注意:建议你使用 asyncio.run,而不是实例化你自己的事件循环。此示例仅用于说明如何在不同的进程中实例化事件循环!

首先,我们通过 asyncio.new_event_loop 创建一个新的事件循环。接下来,我们通过 coro_worker 协程函数调度一些 worker 协程:

```
async def worker():
    random_delay = random.randint(0, 3)
    result = await asyncio.sleep(random_delay, result = f"Working in process:
    {os.getpid()}")
    print(result)
```

然后我们使用 asyncio.gather(*workers, loop=loop) 调度 worker 以从协程的异步执行中获益——如果它们通过等待 asyncio.sleep 将回退控制返回给事件循环的话。

通过 loop.run_until_complete 等待返回的 GatheringFuture 实例。这将确保在所有 worker 都返回时进程终止。

在父进程内我们通过以下代码调度进程:

```
def main(processes, num_procs, num_coros, process_main):
```

```
        for _ in range(num_procs):
            proc = Process(target=process_main, args=(worker, num_coros))
            processes.append(proc)
            proc.start()
    if __name__ == '__main__':
        try:
            main(processes, 10, 2, process_main, )
        except KeyboardInterrupt:
            print("CTRL + C was pressed.. Stopping all subprocesses..")
        finally:
            cleanup()
            print("Cleanup finished")
```

主函数创建进程并将它们附加到 processes 列表中。之后在 finally 语句块中通过如下代码完成清理工作：

```
def cleanup():
    global processes
    while processes:
        proc = processes.pop()
        try:
            proc.join()
        except KeyboardInterrupt:
            proc.terminate()
```

在附加进程时如果我们遇到了 KeyboardInterrupt 异常，就通过 process.terminate 方法终止进程。

运行一个事件循环

问题

回调函数和协程每次只能在预先设计好正在运行的事件循环上被调度。我们需要知道究竟该调用哪个循环 API，以便将事件循环状态机（state machine）转换为运行状态。我们还需要确定正确的位置来调度回调函数/协程。

解决方案

通过下面的代码，我们可以知道需要调用哪个循环 API 来将事件循环状态机转换为运行状态以及哪里是调度回调函数/协程的正确位置。

```python
import asyncio
import sys

loop = asyncio.new_event_loop()
asyncio.set_event_loop(loop)

if sys.platform! = "win32":
    watcher = asyncio.get_child_watcher()
    watcher.attach_loop(loop)

#使用 asyncio.ensure_future 调度第一个协程
#或者使用 loop.call_soon 调度一个同步回调函数

try:
    loop.run_forever()
finally:
    try:
        loop.run_until_complete(loop.shutdown_asyncgens())
    finally:
        loop.close()
```

工作原理

脚本开头的 `new_event_loop` 调用确保已经实例化了全局 DefaultLoopPolicy。然后调用该循环策略的 `loop_factory` 并返回结果——一个新的事件循环。

如果我们想使用循环的子进程 API，我们需要手动附加当前的子监视程序，以确保我们可以监听子进程终止信号 SIGCHLD。由于这是一个 UNIX API——也就是 SIGCHLD 信号，因此我们首先检查是否在 Windows 系统上。

注意: 如果我们想在 Windows 上使用带有事件循环的子进程，我们需要使用 Proactor-EventLoop，我们将在第 9 章中讨论它。

然后，我们调用 `loop.run_forever`。这个调用将处于阻塞状态，直到我们显式调用 `loop.stop` 或出现异常才停止。

另外，我们可以使用 `loop.run_until_complete` 调度一个协程。

这么做还有一个好处,就是我们不必显式调用 `loop.stop`。循环会一直运行到传递给 `loop.run_until_ complete` 的协程被完全使用后才停止。

注意:调用 `loop.stop` 之后你仍然可以调用所有的 `loop.run_*` 方法,不过 `loop.close` 将直接关闭整个循环。

在不考虑事件循环的条件下运行异步代码

问题
这是一次性运行协调程序的最简单方法,可以协调系统中的所有其他协程。

解决方案
如果你不想花心思修改循环策略和清理异步生成器之后的代码(你将在下一章了解它们),那么直接使用以下代码就可以了。如果你只有一个线程和进程并且只有一个需要从头到尾保持运行的协程,那么也可以用这种方法。

```
import asyncio
async def main():
    pass

asyncio.run(main())
```

工作原理
如果你的设置非常简单,只想运行一个协程直到它完全处于被等待的状态,那么你可以使用 asyncio.run API。

需要注意的是,它将调用 asyncio.new_event_loop 和 asyncio.set_event_loop,这会产生副作用。

注意：asyncio.run API 以一种非线程安全的方式取消其余的任务（不是使用 loop.call _soon_threadsafe 来取消任务），并将一个可选的调试参数传递给循环。

这个 API 还将对循环调用名为 loop.shutdown_asyncgens 的异步生成器清理钩子。

注意：推荐使用这种方式运行简单的或单线程异步应用程序。

在协程结束之后才运行一个事件循环

问题

在一个协程结束之后继续运行另一个协程是事件循环必须能够完成的最基本也是最重要的任务之一。如果没有这个能力，事件循环将几乎毫无用处。这是因为没有任何信息可以表明你的工作负载已经被消耗了，因此你在代码中没有做假设的余地。

解决方案 1

如果我们想要将协程的生命周期与循环耦合起来，那么可以采用两种方法。我们可以分配一个循环并在循环中调度协程（并且必须自己处理所有的清理操作），或者使用更高级的 API，如 asyncio.run。

```
import asyncio
async def main():
    pass
asyncio.run(main())
```

工作原理

基本上，我们可以重用上一个解决方案的设置，在一个协程结束之后继续运行另一个协程。同样的规则也适用于这里。

asyncio.run 自动清理并停止事件循环。

注意:采用简单设置的 asyncio.run 可以与 asyncio.get_running_loop() API 协同工作得非常好。

解决方案 2

在不能用 asyncio.run 的设置环境中,可以调用 asyncio.get_event_loop 或 asyncio.new_event_loop。我们先看看第一种情况:

```
import asyncio

async def main():
    pass

loop = asyncio.get_event_loop()

try:
    loop.run_until_complete(main())
finally:
    try:
        loop.run_until_complete(loop.shutdown_asyncgens())
    finally:
        loop.close()
```

工作原理

这里生成循环的方式与解决方案 1 中是相同的,不一样的是,它只会在主线程上生成一个循环,否则将引发 RuntimeError。

我们需要自己调用 loop.shutdown_asyncgens 清理任何未被完全消耗的异步生成器。(我们将在第 6 章中介绍异步生成器。)

解决方案 3

asyncio.new_event_loop API 是最低级的异步 API,它可以创建一个新的事件循环实例,同时遵守当前已安装的事件循环策略。

不过使用它需要大量的手动操作,例如将循环附加到当前的子监视程序或清理异步生成器。

请注意,只有在跨多个进程的更复杂设置中或者为了更好地理解 asyncio 的底层原理时,才可能需要这样做。

```python
import asyncio
import sys

async def main():
    pass

loop = asyncio.new_event_loop()
asyncio.set_event_loop(loop)

if sys.platform ! = "win32":
    watcher = asyncio.get_child_watcher()
    watcher.attach_loop(loop)

try:
    loop.run_forever()
finally:
    try:
        loop.run_until_complete(loop.shutdown_asyncgens())
    finally:
        loop.close()
```

工作原理

虽然它的工作原理与解决方案 2 的相同,但是你可以从线程中调用它。这是因为我们没用简便的 asyncio.get_event_loop API,它会执行一个主线程相等性检查(equality check)。

注意:这与 asyncio.run API 的底层功能类似。

在事件循环中调度回调函数

问题

事件循环可以以面向回调函数的方式使用,也可以与协程一起使用。

后者被认为是 asyncio 中的高级模式,但对于计时器或基于时间的状态机这样的用例,具有可延迟回调的回调 API 可以产生非常优雅和简洁的结果。

解决方案 1

我们将学习如何使用 `loop.call_*` API 来调度事件循环上的同步回调函数。

```
import asyncio

loop = asyncio.get_event_loop()
loop.call_soon(print, "I am scheduled on a loop!")
loop.call_soon_threadsafe(print,"I am scheduled on a loop but threadsafely!")
loop.call_later(1,print, "I am scheduled on a loop in one second")
loop.call_at(loop.time() + 1, print, "I am scheduled on a loop in one second too")

try:
    print("Stop the loop by hitting the CTRL + C keys...")
    # 为了看到运行的回调函数,你需要启动运行循环
    loop.run_forever()
except KeyboardInterrupt:
    loop.stop()
finally:
    loop.close()
```

工作原理

为了在事件循环上调用函数,我们有 4 种可供选择的方法:

- call_soon
- call_soon_threadsafe
- call_at
- call_later

除了 `loop.call_soon_threadsafe`,其他 `loop.call_*` 方法都不是线程安全的。

所有这些方法都支持新的仅限关键字参数(keyword-only parameter) context。context 参数需要是 Context 的一个实例,Context 是由 PEP 567 引入的一个 API。此参数的基本原理是提供"管理、存储和访问上下文本地状态"的方法。

由 `loop.call_*` 方法对任何上下文变量所做的所有更改都保留在其中。回调函数方法没有提供一种方式,让它们可以单纯地等待被使用。

这就是我们采用 KeyboardInterrupt 模式的原因。我们需要用 Ctrl + C 组合键给进程发信号来停止循环。我们将在下一个解决方案中学到更简洁的替代方案。

解决方案 2

不幸的是, asyncio 没有提供一个好的 API 来等待这些被调度的回调函数。所有 API 返回的句柄也只能用于取消已挂起的回调函数。

有一种方法可以操作事件循环从而使这些回调函数成为可访问的。

```python
import asyncio
from functools import partial as func

class SchedulerLoop(asyncio.SelectorEventLoop):
    def __init__(self):
        super(SchedulerLoop, self).__init__()
        self._scheduled_callback_futures = []

    @staticmethod
    def unwrapper(fut: asyncio.Future, function):
        """

        消除隐含的 fut 参数的函数
        :param fut:
        :type fut:
        :param function:
        :return:
        """
        return function()

    def _future(self, done_hook):
        """
        创建一个 future 对象, 它在被等待时调用 done_hook
        :param loop:
        :param function:
        :return:
        """
        fut = self.create_future()
        fut.add_done_callback(func(self.unwrapper,
        function = done_hook))
        return fut

    def schedule_soon_threadsafe(self, callback, * args, context = None):
        fut = self._future(func(callback, * args))
```

```
            self._scheduled_callback_futures.append(fut)
            self.call_soon_threadsafe(fut.set_result, None, context=context)

        def schedule_soon(self, callback, *args, context=None):
            fut = self._future(func(callback, *args))
            self._scheduled_callback_futures.append(fut)
            self.call_soon(fut.set_result, None, context=context)

        def schedule_later(self, delay_in_seconds, callback, *args, context=None):
            fut = self._future(func(callback, *args))
            self._scheduled_callback_futures.append(fut)
            self.call_later(delay_in_seconds, fut.set_result, None, context=
            context)

        def schedule_at(self, delay_in_seconds, callback, *args, context=None):
            fut = self._future(func(callback, *args))
            self._scheduled_callback_futures.append(fut)
            self.call_at(delay_in_seconds, fut.set_result, None, context=context)

    async def await_callbacks(self):
        callback_futs = self._scheduled_callback_futures[:]
        self._scheduled_callback_futures[:] = []
        await asyncio.gather(*callback_futs)

async def main(loop):
    loop.schedule_soon_threadsafe(print, "hallo")
    loop.schedule_soon(print, "This will be printed when the loop starts running")

    def callback(value):
        print(value)

    loop.schedule_soon_threadsafe(func(callback, value="This will get printed
    when the loop starts running"))
    offset_in_seconds = 4
    loop.schedule_at(loop.time() + offset_in_seconds,
                     func(print, f"This will be printed after
                     {offset_in_seconds} seconds"))
    loop.schedule_later(offset_in_seconds, func(print, f"This will be printed
    after {offset_in_seconds} seconds too"))
    await loop.await_callbacks()

loop = SchedulerLoop()
loop.run_until_complete(main(loop))
```

工作原理

因为我们没有一个简洁的 API 可以通过 await 关键字等待被调度的同步回调函数，所以我们就创建了一个。

重点是我们可以基于 SelectorEventLoop 和围绕 loop.call_* 方法的简单封装器（wrapper）方法提供自己的循环实现,这些方法保存一个我们可以等待的 future 对象。

这个 future 对象是被惰性使用的（lazy consumed）,因为回调函数是以 future.add_done_callback 设置的。

当你等待 future 对象时,使用的关键点是在协程方法 await_callbacks 中调用 asyncio.gather。

基本上每当我们调用一个 loop.call_* 时,我们就在 loop._scheduled_callback_futures 属性中保存了 future 对象。

在事件循环中调度协程

问题

我们已经学习了如何在事件循环中调度回调函数。然而,asyncio 中首选的方法其实是使用协程。它们涉及的脚手架代码（boileplate code）最少,而且比围绕回调函数构建的异步代码更容易理解。

解决方案 1

可选方案 1

如果没有正在运行的事件循环,那么我们可以将 asyncio.ensure_future 与 asyncio.run 结合使用:

```
import asyncio
import random

async def work(i):
    print(await asyncio.sleep(random.randint(0, i),
    result = f"Concurrent work {i}"))

async def main():
    tasks = [asyncio.ensure_future(work(i)) for i in range(10)]
```

```
    await asyncio.gather(* tasks)
asyncio.run(main())
```

可选方案 2

如果我们不想写一个 main 协程,那么可以使用 loop.run_ until_complete 代替:

```
import asyncio
import random

async def work(i):
    print(await asyncio.sleep(random.randint(0, i),
    result = f"Concurrent work {i}"))

loop = asyncio.get_event_loop()
tasks = [asyncio.ensure_future(work(i)) for i in range(10)]
loop.run_until_complete(asyncio.gather(* tasks))
```

工作原理

我们可以使用 4 种机制在事件循环上调度协程:

- await 关键字
- loop.create_task 方法
- asyncio.ensure_future
- asyncio.create_task

我们可以使用 await 关键字,它会持续阻塞直到协程返回或使用 asyncio.sleep 等待返回对执行流的控制。await 关键字只能在协程函数中使用。

loop.create_task 方法调度协程并立即返回一个任务对象,该对象可用于等待协程完成。它可以用于同步上下文和协程函数。唯一的缺点是它相当低级,我们需要一个循环实例才能调用它。

接下来是 asyncio.ensure_future API,它可以在协程函数和同步上下文中被调用。它会同时消耗任务和协程。如果没有正在运行的事件循环,那么就会通过 asyncio.get_ event_loop 获取它,然后调用 loop.create_task,从而在存储在默认循环事件策略中的事件循环上调度协程。

注意:协程/任务在循环真正运行时才会运行,不能使用这个 API 在两个循环上调度相同的任务。

---

asyncio.create_task 是在事件循环上调度协程的首选方法。

如果没有正在运行的循环,asyncio.create_task 将引发一个运行时错误,因此它本质上可以和协程函数或通过 loop.call_* 在循环上调度的回调函数一起使用——因为这类处理程序只能被一个正在运行的事件循环调用。

在本例中,我们可以使用两种机制——wait 和 asyncio.ensure_future。

在协程中,我们等待带有随机睡眠延迟的 asyncio.sleep 来模拟工作。result 仅限关键字参数会在一段睡眠延迟后返回一个值。

因为使用 asyncio.ensure_future 意味着我们的协程现在被调度了,我们发现自己处于需要等待执行完成的状态。

为了等待所有挂起的任务,我们将它们封装到一个 asyncio.gather 调用中,并通过调用 loop.run_until_complete 或者在一个可以通过 asyncio.run 调度的协程中等待 GatheringFuture 结果。

解决方案 2

利用我们关于事件循环和事件循环策略的知识,我们可以编写自己的循环实现,它提供了一个 API 来单纯地等待所有挂起的协程。当 asyncio.all_tasks()为一个给定事件循环返回太多的任务并且等待一个任务子集就足够了时,这样做是很有用的。

```python
import asyncio

async def work():
    print("Main was called.")

class AsyncSchedulerLoop(asyncio.SelectorEventLoop):
    def __init__(self):
        super(AsyncSchedulerLoop, self).__init__()
        self.coros = asyncio.Queue(loop=self)
```

```
    def schedule(self, coro):
        task = self.create_task(coro)
        task.add_done_callback(lambda _: self.coros.task_done())
        self.coros.put_nowait(task)

    async def wait_for_all(self):
        await self.coros.join()

class AsyncSchedulerLoopPolicy(asyncio.DefaultEventLoopPolicy):
    def new_event_loop(self):
        return AsyncSchedulerLoop()

asyncio.set_event_loop_policy(AsyncSchedulerLoopPolicy())
loop = asyncio.get_event_loop()

for i in range(1000):
    loop.schedule(work())

loop.run_until_complete(loop.wait_for_all())
```

工作原理

如果想确保我们只等待通过 `loop.create_task` 方法调度的任务,那么可以编写自己的事件循环实现来做到这一点。

为了方便,我们使用一个 asyncio 队列来保存任务。

注意,这就意味着我们以 FIFO(先进先出)的方式消耗任务,这与 `loop.call_*` 方法被消耗的方式一致。

为什么这里要使用队列呢? 因为我们可以很方便地等待所有任务完成的部分:只需要等待队列的 `queue.join` 协程即可!

我们可以使用队列的 `queue.task_done` 方法来表示已经被消耗的协程,但是在哪里使用呢? 一个好位置是在任务的 `done_callback`——我们最终会在那里调用它。

在一个事件循环上调用阻塞代码

问题

每次在一个 asyncio 事件循环上只能运行一个回调函数。因此,如果执行时间太长,长时间运行的回调函数可能会阻塞其他的事件循环。事件循环开放了处理这个问题的执行器 API。我们将在下面的示例中介绍执行器 API。

解决方案

我们使用 urllib3 作为一个阻塞的 HTTP 客户端库进行异步调用。因此,你需要通过你选择的包管理器来安装 certifi 和 urllib3 包。例如,通过 pip 或 pipenv:

```
pip3 install urllib3 ==1.23
pip3 install certifi ==2018.04.16
#或者
pipenv install urllib3 ==1.23
pipenv install certifi ==2018.04.16
```

注意:在本例中,我们用 certifi 收集根证书,使用它我们可以通过 HTTPS 查询受 TLS 加密保护的网站。

```
import asyncio
from concurrent.futures.thread
import ThreadPoolExecutor
import certifi
import urllib3

HTTP_POOL_MANAGER = urllib3.PoolManager(ca_certs = certifi.where())
EXECUTOR = ThreadPoolExecutor(10)
URL = https://apress.com

async def block_request(http, url, * , executor = None, loop:
asyncio.AbstractEventLoop):
    return await loop.run_in_executor(executor, http.request,
    "GET", url)

def multi_block_requests(http, url, n, * , executor = None, loop:
asyncio.AbstractEventLoop):
    return (asyncio.ensure_future(block_request(http, url,
    executor = executor, loop = loop)) for _ in range(n))

async def consume_responses(* coro, loop):
    result = await asyncio.gather(* coro, loop = loop, return_
    exceptions = True)
```

```
    for res in result:
        if not isinstance(res, Exception):
            print(res.data)
loop = asyncio.get_event_loop()
loop.set_default_executor(EXECUTOR)
loop.run_until_complete(consume_responses(block_request(HTTP_
POOL_MANAGER, URL, loop = loop),loop = loop))
loop.run_until_complete(
    consume_responses(* multi_block_requests(HTTP_POOL_MANAGER,
    URL,10, loop = loop), loop = loop))
```

工作原理

为了用 asyncio 调用一个阻塞函数,我们可以使用 loop.run_in_executor 协程方法。它将返回一个可等待的对象,如果等待,则返回一个带有阻塞调用结果的 future 对象。这就说明 loop.run_in_executor 是被定义为惰性求值的(lazy evaluated)。

那么底层究竟是怎样运行的呢? 基本上一个执行器(如 ThreadPoolExecutor)既被用于调度一个阻塞同步调用,同时也进行异步调用。在 ThreadPoolExecutor 的情况下,使用线程抢占(thread preemption)来实现非阻塞效果。需要注意的是,CPython 实现中有一个名为 GIL 的全局互斥对象,它会降低系统原生 p 线程的有效性。

注意:不建议使用 ProcessPoolExecutor。实际上,在 Python 3.8 中,它将通过 set_default_executor 被禁止。来源:https://bugs.python.org/issue34075。

这是一个异步调用 urllib3.PoolManager 的示例。它的请求方法是在执行器上被调度的:

```
    return await loop.run_in_executor(executor,http.request, "GET", url)
```

使用一个 asyncio.gather 和一个生成器表达式,我们就可以同时调度多个请求。该部分功能由 consume_responses 提供,它也不会触发异常。

在指定的事件循环中运行协程

问题

有两种方法可以确保在指定的事件循环中运行协程,下面分别进行介绍。

解决方案 1

获取一个事件循环实例并在其上运行一个协程可以确保该协程专门在该事件循环上运行。
要确保在链式协程中使用相同的事件循环,可以使用 asyncio.get_running_loop:

```
import asyncio

async def main(loop):
    assert loop = = asyncio.get_running_loop()

loop = asyncio.get_event_loop()
loop.run_until_complete(main(loop))
```

工作原理

如果事件循环没有在运行,那么运行它最简单的方法就是通过 loop.run_until_complete 在事件循环上调度协程。

如果协程是一个内置的仅限关键字事件循环参数,就把它传递进去。

注意:这种通过仅限关键字事件循环参数显式地传递一个事件循环的做法已经被废弃了,我们将在第 8 章中对此进行讨论。

解决方案 2

利用 loop.create_task API,可以确保一个协程将运行在指定的事件循环上。

为了使用这个 API,需要获取一个事件循环实例:

```
import asyncio

async def main():
```

```
        pass
loop = asyncio.get_event_loop()
task = loop.create_task(main())
task.add_done_callback(lambda fut: loop.stop())
#更通用的场景是,如果在作用域中没有正在运行的事件循环:
# task.add_done_callback(lambda fut: asyncio.get_running_ loop().stop())

loop.run_forever()
```

工作原理

如果事件循环已经在运行了,我们使用 asyncio.ensure_future 方法在循环上调度协程。

注意:如果你已经在协程中,请使用 asyncio.create_task 代替!

在解决方案 1 中也可以得到相同的结果,但需要注意的是,在本例中我们需要显式地停止事件循环。

停止和关闭事件循环

问题

正如前面所介绍的,事件循环具有一个内部状态机,该状态机会指示将要执行其生命周期中的哪些职能。例如,只有正在运行的事件循环可以调度新的回调函数。如果处于运行状态的事件循环没有被正确地停止,那么就会继续无限制地运行下去。

解决方案

在本节中,我们学习何时以及如何停止事件循环。我们可以通过 stop/close API 来完成。

```
import asyncio
import functools

async def main(loop):
    print("Print in main")

def stop_loop(fut, * , loop):
    loop.call_soon_threadsafe(loop.stop)
```

```
loop = asyncio.get_event_loop()
tasks = [loop.create_task(main(loop)) for _ in range(10)]
asyncio.gather(* tasks).add_done_callback(functools.
partial(stop_loop, loop = loop))
try:
    loop.run_forever()
finally:
    try:
        loop.run_until_complete(loop.shutdown_asyncgens())
    finally:
        loop.close()#可选语句
```

工作原理

在这段代码中我们通过运行 loop.run_forever 获得了一个事件循环实例。

我们已经安排了一些任务并将它们保存在一个列表中。为了能够正确地停止我们的事件循环,需要确保我们已经消耗了所有的任务,所以我们调用 asyncio.gather 来包装它们并向它添加一个 done_callback,从而关闭我们的事件循环。

这样可以确保我们在关闭事件循环时完成了工作。

需要注意的是,我们也会调用 loop.shutdown_asyncgens,它应该成为关闭一个事件循环之后的习惯操作。我们将在第 4 章中对此进行更详细的解释。

添加事件循环信号处理程序

问题

你需要在事件循环中使用信号处理程序。我们需要一个仅在事件循环运行时才运行信号处理程序并且在事件循环不运行时不允许新的信号处理程序的设置。

解决方案(仅适用于 UNIX 系统)

理想情况下,事件循环应该清理信号处理程序。幸运的是,asyncio 提供了这种开箱即用的 API。

```
import asyncio
```

```
import functools
import os
import signal

SIGNAL_NAMES = ('SIGINT', 'SIGTERM')
SIGNAL_NAME_MESSAGE = " or ".join(SIGNAL_NAMES)

def sigint_handler(signame, * , loop, ):
    print(f"Stopped loop because of {signa  }")
    loop.stop()

def sigterm_handler(signame, * , loop, ):
    print(f"Stopped loop because of {signam   )
    loop.stop()

loop = asyncio.get_event_loop()

for signame in SIGNAL_NAMES:
    loop.add_signal_handler(getattr(signal, signame),
                            functools.partial(locals()
[f"{signame.lower()}_handler"], signame, loop = loop))
print("Event loop running forever, press Ctrl + C to interrupt.")
print(f"pid {os.getpid()}: send {SIGNAL_NAME_MESSAGE} to exit.")
try:
    loop.run_forever()
finally:
    loop.close() #可选语句
```

工作原理

基本上,我们是通过 loop.add_signal_handler 添加一个新的 signal_handler,它与信号 API 类似。在本例中,我们决定在每个处理程序结束时停止事件循环。我们通过 functools.partial 提供这个功能并通过内置的 locales 获取作用域中的处理程序。

如果你想向示例中添加另一个处理程序,只需将信号的名称添加到 SIGNAL_NAMES 中并以如下方式命名相应的处理程序:

```
"{signame.lower()}_handler"
```

为什么不直接使用信号 API 呢? 在事件循环迭代过程中检查添加到事件循环中的信号处理程序。因此,不可能在事件循环关闭时将信号处理程序添加到事件循环中。

另一个好处是,当事件循环关闭时信号处理程序会被清除。

从事件循环衍生子进程

问题

异步地生成子进程并将创建和状态管理有效地分割为单独的部分,是使用事件循环生成子进程的原因之一。

解决方案

下面的代码足以应对 asyncio 子进程 API 的大多数非交互式使用场景。通过在 Windows 系统上设置适当的事件循环策略,它具有跨平台的优势。

```python
import asyncio
import shutil
import sys
from typing import Tuple, Union

async def invoke_command_async(* command, loop,
encoding = "UTF - 8", decode = True) - > Tuple
    [Union[str, bytes], Union[str, bytes], int]:
    """
    异步调用命令并返回 stdout, stderr 和进程返回代码
    :param command:
    :param loop:
    :param encoding:
    :param decode:
    :return:
    """
    if sys.platform ! = "win32":
        asyncio.get_child_watcher().attach_loop(loop)
    process = await asyncio.create_subprocess_exec(* command,
                                                    stdout = asyncio.
                                                    subprocess.PIPE,
                                                    stderr = asyncio.
                                                    subprocess.PIPE,
                                                    loop = loop)

    out, err = await process.communicate()

    ret_code = process.returncode

    if not decode:
        return out, err, ret_code
```

```
        output_decoded, err_decoded = out.decode(encoding) if out
                                      else None,
                                      err.decode(encoding) if err
                                      else None
        return output_decoded, err_decoded, ret_code
    async def main(loop):
        out, err, retcode = await invoke_command_async shutil.
        which("ping"), "-c", "1", "8.8.8.8", loop=loop)
        print(out, err, retcode)

    if sys.platform == "win32":
        asyncio.set_event_loop_policy(asyncio.WindowsProactorEventLoopPolicy())

    loop = asyncio.get_event_loop()
    loop.run_until_complete(main(loop))
```

工作原理

为了正确地从一个事件循环中衍生出一个子进程,我们引入了一个名为 invoke_command
_async 的异步辅助函数。

这个辅助协程函数使用事件循环的 create_subprocess_exec 方法来创建子进程。

在 UNIX 系统中,asyncio 有一个名为 AbstractChildWatcher 的类,它的实现用于监视子
进程的终止。

为了能够正常工作,ChildWatcher 需要被附加到一个事件循环。当你有一个事件循环实
例时,这可能很好,但是当你通过 asyncio.new_event_loop 创建你的事件循环时,你需
要确保当前事件循环策略的 ChildWatcher 被附加到事件循环。你可以通过调用监视程
序的 watcher.attach_loop 方法来做到这一点,代码如下所示:

```
    if sys.platform != 'win32':
            asyncio.get_child_watcher().attach_loop(loop)
```

之后通过 create_subprocess_exec 方法惰性地(通过 future 的方式)获取进程实例。

进程实例的 API 类似于同步实例。你需要等待协程方法,比如 process.communica-
tion。从理论上讲,这为你提供了下一次等待的灵活性,但是对于本例来说没有必要这
样做。

等待子进程终止

问题

这里的目标是观察子进程终止，即使在由于没有一个完整的信号 API 而不支持 SIGCHLD 的 Windows 系统中也不会出现任何问题。

解决方案

为了确保我们可以在 Windows 系统中等待子进程的终止，我们将轮询子进程以获得进程返回代码，该代码指示已终止的子进程。

```python
import asyncio
#引自 https://docs.python.org/3/library/asyncio - subprocess.html:
# 在从其他线程执行子进程之前，必须在主线程中实例化子监视程序。在主线程中调用 get_child
_watcher()函数来实例化子监视程序。
import functools
import shutil
import sys

if sys.platform = = "win32":
    asyncio.set_event_loop_policy(asyncio.
WindowsProactorEventLoopPolicy())

def stop_loop(* args, loop, * * kwargs):
    loop.stop()

async def is_windows_process_alive(process, delay = 0.5):
    """
    在 Windows 系统中信号 API 非常少，这就意味着我们没有 SIGCHLD,因此我们需要检查我们的
    进程对象上是否有返回代码。
    :param process:
    :param delay:
    :return:
    """
    while process.returncode = = None:
        await asyncio.sleep(delay)

async def main(process_coro, * ,loop):
    process = await process_coro
    if sys.platform ! = "win32":
        child_watcher: asyncio.AbstractChildWatcher = asyncio.
        get_child_watcher()
```

```
            child_watcher.add_child_handler(process.pid, functools.
            partial(stop_loop, loop = loop))
        else:
            await is_windows_process_alive(process)
            loop.stop()

    loop = asyncio.get_event_loop()
    process_coro = asyncio.create_subprocess_exec(shutil.
                                                  which("ping"),
                                                  "-c", "1", "127.0.0.1",
                                                  stdout = asyncio.
                                                  subprocess.
                                                  DEVNULL,
                                                  stderr = asyncio.
                                                  subprocess.
                                                  DEVNULL)
    loop.create_task(main(process_coro, loop = loop))
    loop.run_forever()
```

工作原理

在 UNIX 系统中,当一个子进程终止时是很容易检测到的,因为这个进程改变了它的状态并通过 SIGCHLD 来声明。再加上 waitpid(2) 系统调用,它可以检测进程状态的变化和阻塞,我们拥有了一个强大的工具来响应进程终止,而不需要付出一个繁忙事件循环的代价。

在 Windows 系统中事情就没那么容易了。信令 API 非常有限,系统只开放了 SIGTERM 和 SIGINT。因此,我们必须轮询进程终止时设置的进程返回代码,因为 Windows 只使用了这个 POSIX 标准。

在 Windows 系统中,我们通过 is_windows_process_alive 来实现。在 UNIX 中,我们只需要使用 invoke_command_async,而不需要将子处理程序附加到监视程序,后者做的基本上是相同的事情。监视程序被连接到事件循环并非常方便地为我们调用 watcher.add _child_handler。

3

使用协程与异步/等待

协程(coroutine)是一个事件循环/调度器的工作单元,可以理解为一个可挂起的函数。co-routine 中的"co"不是源自 concurrent(并发)这个词,而是源自 cooperative(协作)这个词。

协程会与调度协程的事件循环进行"协作"。如果协程"逻辑上被阻塞了",意味着它在等待某种 I/O 操作,于是协程可以将控制权交回给事件循环。紧接着,事件循环就可以决定如何使用释放的资源(CPU 时间)来调度其他"等待就绪的"协程。然后,事件循环还可以决定如何使用释放的资源(CPU 时间)来调度其他挂起的协程。

在 asyncio 中,我们对协程和协程函数这两个概念进行了区分。协程是协程函数返回的对象,可以处于运行、完成、取消或挂起状态。如果我们混淆两者时并没有产生歧义,那么也可以交替使用这两个术语。

编写基于生成器的协程函数

问题

我们不能在 Python 3.5 之前的解释器中使用以 async 关键字定义的协程。

解决方案

使用@asyncio.coroutine 装饰器定义的协程函数被称为基于生成器的协程函数,它们提供了在 Python 3.5 之前的解释器中编写协程的方法。

```
import asyncio

@asyncio.coroutine
def coro():
    value = yield from inner()
    print(value)

@asyncio.coroutine
def inner():
    return [1, 2, 3]

asyncio.run(coro()) # 打印[1, 2, 3]
```

工作原理

@asyncio.coroutine 装饰器可用于编写基于生成器的协程函数。

在协程函数内部,我们只能使用 yield from 关键字来调用或挂起其他协程——使用 await 会引发 SyntaxError(语法错误)。

然而,对原生协程对象(如 asyncio.sleep(1))使用 yield from,在非协程生成器中会引发 TypeError(类型错误):

```
import asyncio

def main():
    yield froma syncio.sleep(1)

asyncio.run(main())
```

注意:基于生成器的协程在 Python 3.7 版中就已经被弃用了,将在 Python 3.10 版本中被删除。

还要注意的是装饰器并没有得到严格的执行。这就意味着我们也可以在事件循环上运行带有 yield from 的函数!

编写原生协程

问题

能够编写协程是高效使用 asyncio 的第一步。

解决方案

原生协程函数是返回一个协程的函数,而协程又是一个协同调度的 asyncio 原语。它们是编写协程函数的首选方法。原生协程函数是以 asyncio def 语法定义的。

其函数形式等价于已废弃的基于生成器的协程函数,返回的是原生协程对象。

asyncio def 传输定义一个协程函数所需要的所有语义。不需要在协程函数体中包含 await 关键字。

```
import asyncio
async def coroutine(*args, **kwargs):
    pass
assert asyncio.iscoroutine(coroutine())
assert asyncio.iscoroutinefunction(coroutine)
```

工作原理

如果你有一个带 async 关键字的协程函数,那么就可以在它的函数体中使用 await 关键字来等待其他协程。

使用断言函数 inspect.iscoroutine 和 inspect.iscoroutinefunction,我们可以判断一个对象是否为原生协程(函数)。

协程在 asyncio 提供的事件循环实现上运行并仅通过 await 关键字委托给其他协程。

注意:每当你要在基于生成器的协程中使用 yield from 时,现在都必须在协程函数体中使用 await 关键字。

运行协程并阻塞/等待直到它完成

问题

我们需要一种语法机制来确定协程完成的时间。这个机制还必须是可挂起和可恢复的。

解决方案

使用 await 关键字,我们就可以按照预期的方式处理等待的原生协程。

```
import asyncio
async def coroutine(* args,* * kwargs):
    print("Waiting for the nextcoroutine...")
    await another_coroutine(* args,* * kwargs)
    print("This will follow 'Done'")
async def another_coroutine(* args,* * kwargs):
    await asyncio.sleep(3)
    print("Done")
```

工作原理

上面的代码示例中定义了一个名为 coroutine 的协程函数,在其内部有一条 await another_coroutine(* args, * * kwargs)语句,该语句使用 await 关键字向事件循环发出信号,表明它正在等待 another_coroutine 协程函数的完成。

在 await asyncio.sleep(3)语句中使用相同的机制来停止协程函数的执行。

基本上,一个 await 是一个带有附加可访问类型检查和更直观的运算符优先级的 yield from,可以在表 3-1 中体现。

更新的优先级使类似 return await 这样的语法结构成为可能。在此之前,你必须将 yield from 和接下来的协程放到括号中:

```
return (yield from asyncio.sleep(1))
#对比
return await asyncio.sleep(1)
```

运行协程并等待它完成

问题

虽然我们已经学习了如何在协程执行完成之前进行阻塞,但是我们希望将等待延迟到某个位置再解耦协程的调度。我们还希望能够确定具体的完成时间并在那个时间安排回调。

表 3-1　Python 运算符优先级

操作者	描述
yield x, yield from x	yield 表达式
lambda	lambda 表达式
if - -else	条件表达式
or	布尔逻辑或
and	布尔逻辑与
not x	布尔逻辑非
in, not in, is, is not, <, < =, >, > =,! =, = =	比较运算,包括成员测试和统一性测试
|	按位或
^	按位异或
&	按位与
< <, > >	移位
+, -	加法和减法
* ,@ ,/,//,%	乘法,矩阵乘,除法,整除,取余
+x, - x, ~ x	正,负,按位取反
* *	乘方
await x	await 表达式
x[index],x[index:index], x(arguments...),x.attribute	下标,切片,调用,属性引用
(expressions...),[expressions...], {key: value...},{expressions...}	绑定或元组显示,列表显示, 字典显示,集合显示

解决方案

结合使用 await 关键字与 asyncio.create_task,我们可以将协程运行与等待解耦。

```
import asyncio

async def coroutine_to_run():
```

```
        print(await asyncio.sleep(1, result = "I have finished!"))
async def main():
    task = asyncio.create_task(coroutine_to_run())
    await task

asyncio.run(main())
```

工作原理

这个解决方案与前一个非常相似,使用 asyncio.create_task 调度 coroutine_to_run 协程函数,并返回一个可以用于等待已经被调度的协程的任务。

注意:协程在调用 asyncio.create_task 后不久就开始运行。

由于我们将任务的调度与等待进行了分离,因此可以灵活地创建出可以保证执行顺序的代码,还可以调度更多的工作或附加一些需要执行的回调函数。

注意:不建议使用回调函数,因为分配回调函数的顺序是不确定的而且需要具体实现。

等待有时限的协程

问题

假如我们有一个需要被调度的协程和一个以秒为单位的时限,如果一个调度的协程在这个时限内没有完成,我们如何取消它?

解决方案

理想的解决方案是,我们不需要安排另一个协程来取消一个协程。最好是在"调度时间"上进行配置。

```
import asyncio

async def delayed_print(text, delay):
    print(await asyncio.sleep(delay, text))
```

```
async def main():
    delay = 3

    on_time_coro = delayed_print(f"I will print after {delay}
    seconds", delay)
    await asyncio.wait_for(on_time_coro, delay + 1)

    try:
        delayed_coro = delayed_print(f"I will print after
        {delay +1} seconds", delay + 1)
        await asyncio.wait_for(delayed_coro, delay)
    except asyncio.TimeoutError:
        print(f"I timed out after {delay} seconds")

asyncio.run(main())
```

工作原理

正如我们所看到的,asyncio 提供了 asyncio.wait_for 函数。如果协程在规定时限内运行,它可以安全地从调用中返回,否则就抛出一个 asyncio.TimeoutError。

取消一个协程

问题

设计一个复杂的并发系统可能需要取消在事件循环上调度的工作负载。

考虑一下这样的执行场景:你准备向一个客户数据库发送一封个性化的电子邮件。这种个性化需要 Web 查询,而发送电子邮件需要数据库查询。

这些查询可以并发运行。如果其中一个查询导致错误,则需要取消另一个查询。

我们将学习如何线程安全地和非线程安全地取消一个调度的协程。

解决方案 1

使用从 asyncio.create_task 接收的任务对象,就可以控制底层协程的执行状态。

```
import asyncio

async def cancellable(delay =10):
    loop =asyncio.get_running_loop()
    try:
        now =loop.time()
```

```
        print(f"Sleeping from {now} for {delay} seconds ...")
        await asyncio.sleep(delay, loop = loop)
        print(f"Slept {delay} seconds ...")
    except asyncio.CancelledError:
        print(f"Cancelled at {now} after {loop.time() - now}
        seconds")

async def main():
    coro = cancellable()
    task = asyncio.create_task(coro)
    await asyncio.sleep(3)
    task.cancel()

asyncio.run(main())
```

工作原理

第一个解决方案是最明显的。由于一个任务是 future 子类的一个实例,因此具有一个 cancel 方法,可以调用该方法从事件循环取消调度相应的协程并终止它(如果它正在运行的话)。

这与当前线程是什么无关。如果你知道你的应用程序是单线程的或者你能够确定你正在处理的事件循环实际是在同一个线程上,那么你就可以这样做。

解决方案 2

线程安全地取消一个协程的另一种方法是结合使用 loop.call_soon_threadsafe API 与 handle.cancel 方法。

```
import asyncio

async def cancellable(delay = 10):
    loop = asyncio.get_running_loop()
    try:
        now = loop.time()
        print(f"Sleeping from {now} for {delay} seconds ...")
        await asyncio.sleep(delay)
        print(f"Slept for {delay} seconds without disturbance...")
    except asyncio.CancelledError:
        print(f"Cancelled at {now} after {loop.time() - now}
        seconds")

async def main():
```

```
    coro = cancellable()
    task = asyncio.create_task(coro)
    awaitasyncio.sleep(3)

    def canceller(task, fut):
        task.cancel()
        fut.set_result(None)

    loop = asyncio.get_running_loop()
    fut = loop.create_future()
    loop.call_soon_threadsafe(canceller, task, fut)
    await fut

asyncio.run(main())
```

工作原理

如果你在另一个线程上,那么就不能安全地调度一个带有 loop.call_soon 或 loop. call_at 的回调函数。

为此你需要使用 loop.call_threadsafe 方法,该方法恰好也是异步调度的。为了能够获知被调度的协程何时完成,你可以传递一个 future 对象并在正确的时间调用它,然后在外部等待它。

取消多个协程

问题

如果我们想一次取消多个调度的协程该怎么做?例如,协程迭代地构建一些结果。我们要么想完全接收结果,要么想停止程序,因为结果已经变得无关紧要了。

下面我们将学习如何利用 asyncio.gather 和 asyncio.CancelledError 来构建一个完美的解决方案。

解决方案

asyncio.gather 方法是一个高级工具,可用于对协程进行分组,同时屏蔽发出的异常并将其作为结果值返回。可以使用仅限关键字参数 return_exceptions 返回异常。

```
import asyncio
```

```
async def cancellable(delay=10, * , loop):
    try:
        now = loop.time()
        print(f"Sleeping from {now} for {delay} seconds ...")
        await asyncio.sleep(delay)
        print(f"Slept for {delay} seconds without disturbance...")
    except asyncio.CancelledError:
        print(f"Cancelled at {now} after {loop.time() - now}
        seconds")

def canceller(task, fut):
    task.cancel()
    fut.set_result(None)

async def cancel_threadsafe(gathered_tasks, loop):
    fut = loop.create_future()
    loop.call_soon_threadsafe(canceller, gathered_tasks, fut)
    awaitfut

async def main():
    loop = asyncio.get_running_loop()
    coros = [cancellable(i, loop=loop) for i in range(10)]

    gathered_tasks = asyncio.gather(* coros)

    #在这里增加延迟,这样我们就可以看到前三个协程不间断地运行

    await asyncio.sleep(3)

    await cancel_threadsafe(gathered_tasks, loop)

    try:
        await gathered_tasks
    except asyncio.CancelledError:
        print("Was cancelled")

asyncio.run(main())
```

工作原理

使用 asyncio.gather 可以做以下事情:

· 并发调度所有传递给它的协程。

· 接收一个可用于同时取消所有协程的 GatheringFuture。

如果等待成功,那么 asyncio.gather 返回所有结果的列表。asyncio.

gather 支持一个名为 return_exceptions 的仅限关键字参数,它可以改变 Gathering-

Future 的结果集。

如果某个调度的协程中发生异常,那么它可以冒泡出现,也可以作为参数返回。

注意: 无论 return_exceptions 参数是否设置为 True,对 GatheringFuture 的取消操作是从 Python 3.7 开始才有的特性。

保护协程不被取消 ·

问题

由于一些协程对系统的完整性至关重要,因此我们不能允许它们被意外地取消。例如,系统的一些初始化挂钩需要在我们运行任何其他东西之前发生。因此,我们不能允许它们在不经意间被取消。

解决方案

如果你想确保协程不能从外部被取消,那么可以使用 asyncio.shield。

```python
import asyncio
async def cancellable(delay = 10):
    now = asyncio.get_running_loop().time()
    try:
        print(f"Sleeping from {now} for {delay} seconds ...")
        await asyncio.sleep(delay)
        print(f"Slept for {delay} seconds without disturbance...")
    except asyncio.CancelledError:
        print("I was disturbed in my sleep!")

def canceller(task, fut):
    task.cancel()
    fut.set_result(None)

async def cancel_threadsafe(task, * , delay = 3, loop):
    await asyncio.sleep(delay)
    fut = loop.create_future()
    loop.call_soon_threadsafe(canceller, task, fut)
    awaitfut
```

```
async def main():
    complete_time = 10
    cancel_after_secs = 3
    loop = asyncio.get_running_loop()
    coro = cancellable(delay = complete_time)
    shielded_task = asyncio.shield(coro)
    asyncio.create_task(cancel_threadsafe(shielded_task,
    delay = cancel_after_secs, loop = loop)

    try:
        await shielded_task
    except asyncio.CancelledError:
        await asyncio.sleep(complete_time    ancel_after_secs)

asyncio.run(main())
```

工作原理

当任务被屏蔽之后,你就可以安全地对被屏蔽任务调用 cancel,而不用担心被屏蔽的协程/任务也会被取消。

注意:asyncio.shield 不能保护协程不从内部被取消。考虑到 asyncio.shield 是如何实现的(在 python 3.7 中),它将在全局任务列表中添加另一个任务。

因此,如果你有与 gather(* all_tasks()).cancel()类似的关闭逻辑,则可以取消屏蔽操作的内部任务。

链接协程

问题

使用并发并不意味着我们的代码没有关于排序和结果的假设。事实上,用一种容易理解的方式来表达它们甚至更加重要。

解决方案

为此,我们可以部署 await 关键字,它可以用来阻止可等待对象(awaitable)的执行,直到它们返回或被取消。

```
import asyncio
async def print_delayed(delay, text):
    print(await asyncio.sleep(delay, text))

async def main():
    await print_delayed(1, "Printing this after 1 second")
    await print_delayed(1, "Printing this after 2 seconds")
    await print_delayed(1, "Printing this after 3 seconds")

asyncio.run(main())
```

工作原理

在事件循环中同一时间只有一个协程可以运行，因为协程也是在 GIL 下运行的。

我们使用 await 关键字在事件循环中调度一个可等待对象，前提是当这个可等待对象完成执行或被取消时从该调用返回。

可等待对象可以是以下对象之一：

· 从原生协程函数返回的原生协程对象。

· 从以@ asyncio.coroutine()修饰的函数返回的基于生成器的协程对象。

· 带有返回一个迭代器的_await_方法的对象（future 属于这一类）。

你可以用 inspect.isawaitable 来检查一个可等待对象。

等待多个协程

问题

我们想要在同一时间等待多个协程。

解决方案

我们有两个选项可以等待多个协程：

· asyncio.gather

· asyncio.wait

它们都有各自的用例。asyncio.gather 函数提供了一种同时对多个协程进行分组和等待/取消的方法,如前面的例子所示。

如果你的唯一用例是同时调度多个协程,那么可以放心,asyncio.gather 足以完成这项工作。

```python
import asyncio
async def print_delayed(delay, text,result):
    print(await asyncio.sleep(delay, text))
    return result

async def main():
    workload = [
        print_delayed(1,"Printing this after 1 second",1);
        print_delayed(1,"Printing this after 1 second",2),
        print_delayed(1,"Printing this after 1 second",3),
    ]
    results = await asyncio.gather(* workload)
    print(results)

asyncio.run(main())
```

工作原理

asyncio.gather 使用 asyncio.ensure_future 调度并执行多个协程或 future。为了向后兼容,这个 API 被保留在 Python 3.7 中。在将协程和 future 传递给 asyncio.ensure_future 进行调度之前,它会使用 asyncio.get_event_loop(在协程的情况下)或 asyncio.Future.get_loop(在 future 的情况下)查询当前事件循环。

注意:入口顺序不一定是协程/future 被调度的顺序。

所有 future 必须共享同一个事件循环。如果所有任务都顺利完成了,那么返回的 future 的结果就是结果列表(按照原始顺序,不一定按结果顺序)。

此外,还有一个 return_exceptions 仅限关键字参数,我们已经在"取消多个协程"一节中讨论过它。

使用不同的启发式方法等待多个协程

问题

回想一下,我们前面提到了有两种方法可以等待多个协程:

- asyncio.gather
- asyncio.wait

我们还没有讨论的是 asyncio.wait,它可以用于在多个协程上使用不同的启发式方法进行等待。

解决方案 1

我们将使用 asyncio.wait 和 asyncio.ALL_COMPLETED 等待多个协程。

```python
import asyncio

async def raiser():
    raise Exception("An exception was raised")

async def main():
    raiser_future = asyncio.ensure_future(raiser())
    hello_world_future = asyncio.create_task(asyncio.sleep(1.0,
    "I have returned!"))
    coros = {raiser_future, hello_world_future}
    finished, pending = await asyncio.wait(coros, return_
    when=asyncio.ALL_COMPLETED)

    assert raiser_future in finished
    assert raiser_future not in pending
    assert hello_world_future in finished
    assert hello_world_future not in pending

    print(raiser_future.exception())
    print(hello_world_future.result())

asyncio.run(main())
```

解决方案 2

我们将使用 asyncio.wait 和 asyncio.FIRST_EXCEPTION 等待多个协程。

```python
import asyncio
```

```python
async def raiser():
    raise Exception("An exception was raised")

async def main():
    raiser_future = asyncio.ensure_future(raiser())
    hello_world_future = asyncio.create_task(asyncio.sleep(1.0,
    "I have returned!"))
    coros = {raiser_future, hello_world_future}
    finished, pending = await asyncio.wait(coros, return_
    when = asyncio.FIRST_EXCEPTION)

    assert raiser_future in finished
    assert raiser_future not in pending
    assert hello_world_future not in finished
    assert hello_world_future in pending

    print(raiser_future.exception())
    err_was_thrown = None

    try:
        print(hello_world_future.result())
    except asyncio.InvalidStateError as err:
        err_was_thrown = err
    assert err_was_thrown

asyncio.run(main())
```

解决方案 3

我们将使用 asyncio.wait 和 asyncio.FIRST_COMPLETED 等待多个协程。

```python
import asyncio

async def raiser():
    raise Exception("An exception was raised")

async def main():
    raiser_future = asyncio.ensure_future(raiser())
    hello_world_future = asyncio.create_task(asyncio.sleep(1.0,
    "I have returned!"))
    coros = {raiser_future, hello_world_future}
    finished, pending = await asyncio.wait(coros, return_
    when = asyncio.FIRST_COMPLETED)

    assert raiser_future in finished
    assert raiser_future not in pending
    assert hello_world_future not in finished
    assert hello_world_future in pending
```

```
        print(raiser_future.exception())
        err_was_thrown = None

        try:
            print(hello_world_future.result())
        except asyncio.InvalidStateError as err:
            err_was_thrown = err

        asserterr_was_thrown

    asyncio.run(main())
```

工作原理

本节的三种解决方案演示了 asyncio.wait 如何处理 return_when 参数的不同值。

asyncio.wait 比 asyncio.gather 更低级,因为它也可以用于对协程进行分组,但不能用于取消协程。它接受一个带有等待策略的 return_when 仅限关键字参数。它返回两个值——两个集合,其中一个包含完成的任务,另一个包含挂起的任务。

return_when 参数的允许值如下:

· FIRST_COMPLETED:当任何 future 完成或被消时返回。

· FIRST_EXCEPTION:当任何 future 完成时通过引发异常返回。如果没有 future 引发异常,那么这个值相当于 ALL_COMPLETED。

· ALL_COMPLETED:当所有 future 完成或被取消时返回。

注意:不要将协程直接传递给 asyncio.wait,而是要先通过 asyncio.create_task 或 loop.create_task 将把它们封装成一个任务。这样做的理由是使用 ensure_future. ensure_future 将协程封装在 asyncio.wait 内部,可以使 future 实例保持不变。不能使用协程来检查 asyncio.wait 的返回集的内部状态——协程的(完成,等待)状态。

我们添加了 assert 来说明在给定 return_when 参数的可能值时 asyncio.wait 会产生怎样的行为。

注意：只调用 raiser_future.exception() 不是一个安全的选项，因为它可能会引发一个 CancelledError。

等待多个协程并忽略异常

问题

到目前为止，我们知道有两种方法来运行和等待多个协程：

- asyncio.gather
- asyncio.wait

在这两种情况下，我们需要确保收集所有协程/任务的 future 不会被取消。

我们还介绍了如何实现取消安全，即使用 asyncio.shield。

解决方案

现在我们将所学知识结合起来，学习用 asyncio.gather 和 asyncio.shield 等待多个协程并忽略异常：

```
import asyncio
import sys

async def print_delayed(delay, text,):
    print(await asyncio.sleep(delay, text))
async def raise_delayed(delay, text,):
    raise Exception(awaitasyncio.sleep(delay, text))

async def main():
    workload = [
        print_delayed(5, "Printing this after 5 seconds"),
        raise_delayed(5, "Raising this after 5 seconds"),
        print_delayed(5, "Printing this after 5 seconds"),
    ]

    res = None
    try:
        gathered = asyncio.gather(* workload, return_
        exceptions = True)
```

```
        res = await gathered
    except asyncio.CancelledError:
        print("The gathered taskwas cancelled", file = sys.stderr)
    finally:
        print("Result:", res)

asyncio.run(main())
```

工作原理

我们使用 asyncio.gather 函数来调度工作负载,需要注意的是,我们还调度了一个会引发异常的协程。

为了防止我们的 GatheringFuture 被提前取消,我们将所有内容都封装到一个 try except 语句块中,因为那里 asyncio.shield 不会起作用。

注意:try excep 语句块只是阻止 CancelledError 冒泡,而 GatheringFuture 背后的协程仍然会被取消。

然而,如果将 return_exceptions 设置为 True,那么就会将所有异常(也就是 CancelledErrors)转换为返回值。你可以在返回列表的相应位置找到它们。

按指定条件等待协程

问题

我们希望创建一个简单的 API,允许我们在选择的条件无效时等待协程。理想情况下,API 将允许我们将条件作为谓词函数传递。

解决方案

asyncio 提供了一个条件变量的实现,即一个同步原语。条件变量使协程能够等待条件发生。

```
import asyncio

async def execute_on(condition, coro, predicate):
    async with condition:
        await condition.wait_for(predicate)
```

```
            await coro
    async def print_coro(text):
        print(text)

    async def worker(numbers):
        while numbers:
            print("Numbers:", numbers)
            numbers.pop()
            awaitasyncio.sleep(0.25)

    async def main():
        numbers = list(range(10))
        condition = asyncio.Condition()
        is_empty = lambda: not numbers
        await worker(numbers)
        await execute_on(condition, print_coro("Finished!"), is_empty)

    asyncio.run(main())
```

工作原理

我们可以使用一个条件变量来监视 worker 协程的完成情况,该协程将一个接着一个地弹出数字列表中的数字。

条件变量为我们提供了隐式和显式通知。它们要么监视重复调用的谓词,直到它变为真,要么通过调用 condition_variable.notify 或 condition_variable.notify_all 通知等待者。

这个代码示例使用了隐式通知。因此,我们的断言函数 is_empty = lambda: not numbers 必须返回 True,才能释放条件变量的锁。

我们还定义了辅助协程函数 execute_on,它正确地设置了条件变量中的锁。在使用 wait_for 协程方法等待谓词为真并分派传递的协程之前会发生这种情况。

注意: 如果在多个协程中使用条件变量,则需要传递你自己的 asyncio.Lock 实例!

4

使用异步生成器

让我们回顾一下传统生成器试图解决的问题。

我们有一个可以迭代执行的复杂计算并且需要保留每个子结果。当然,我们也可以预先计算所有的值,直到得到期望的值。但是这么做就意味着我们必须要等待,直到达到了我们期望的值才返回一个预先用前面的子结果填充的值集合。这是因为从一个函数返回值就意味着我们将会失去它所支持的所有"上下文"。

幸运的是,Python 提供了原生且简洁的生成器 API,能够在不丢失生成器函数"上下文"的情况下返回子结果/值。不过,生成器模式仍然存在一个问题。如果子结果的计算是独立的,那么我们就没有必要按照 yield 调用的顺序提供结果。

这是我们的生成器以同步方式工作的结果。如果我们异步地计算所有步骤并总是返回完成计算的结果作为下一个值,那么我们基本上就实现了异步生成器的框架。

编写一个异步生成器

问题
当你需要异步地生成一个值序列并让它们像迭代器一样工作时,你可以使用异步生成器。

解决方案
异步生成器是(同步)生成器的逻辑扩展。异步生成器的迭代器是由异步迭代器协议控制的。异步迭代器协议可以通过提供__ aiter __方法和__ anext __协程方法或编写异步生成器函数来实现。

__ aiter __方法返回异步迭代器,并且是同步的。

__ anext __协程方法返回一个可等待对象,该对象使用一个 StopIteration 异常来"yield"(产生)值,并使用一个 StopAsyncIteration 异常来表示迭代的结束。异步生成器函数看起来像原生协程/async-def 函数并返回一个异步生成器的迭代器。因此,它们可以包含"yield"表达式,用于生成可以被 async-for 事件循环使用的值。

为了演示异步生成器函数是如何编写的,我们将编写一个生成随机数的异步生成器,在指定的时间内将控制权交给事件循环。

```
import random
import asyncio

async def random_number_gen(delay,start,end):
    while True:
        yield random.randint(start,end)
        await asyncio.sleep(delay)
```

工作原理

异步随机数生成器的编写与同步生成器的编写相同。

通过 start(开始)和 end(结束)参数传递一个区间,函数使用 random 模块生成随机整数。

问题是协程在生成不阻塞其他协程的数字后,会将延迟时间(以秒为单位)的控制权交给事件循环。

也就是说,random_number_gen 的使用者是顺序无关的,这意味着它们需要在哪个使用者最先完成/最后完成方面是彼此独立的。

如果你喜欢保留顺序但阻塞的模式,那么可以删除 await asyncio.sleep(delay) 和delay参数——它们相当于一个同步生成器。

运行异步生成器

问题

不能像等待正常的协程那样等待异步生成器。本节将展示如何运行它们。

解决方案

使用异步生成器有两种可能的方式：

- 使用异步 for 循环；
- 通过 aclose 和 asend 协程与异步生成器进行手动交互。

第一种方式更高级，更适合在生成环境中运行。当然你也可以选择第二种方式。例如，使用异步生成器作为一个可暂停/可恢复的协程，你可以在调度之后将数据提供给它并保留上下文/状态值。我们将在有关状态机的一节使用此功能。

```
import random
import asyncio

async def random_number_gen(delay,start,end):
    while True:
        yield random.randint(start,end)
        await asyncio.sleep(delay)

async def main():
    async for i in random_number_gen(1,0,100):
        print(i)

try:
    print("Starting to print out random numbers...")
    print("Shut down the application with Ctrl + C")
    asyncio.run(main())
except KeyboardInterrupt:
    print("Closed the main loop..")
```

工作原理

为了演示如何运行异步生成器，我们在 main 协程中运行我们的 random_number_gen 示例。我们通过 asyncio.run 调度主协程并确保我们可以通过一个 KeyboardInterrupt

来退出事件循环。asyncio.run 会清理尚未完成执行的异步生成器(例如基于 random_ number_gen 异步生成器的 while_True_loop)。

将异步生成器封装在异步解析式中

问题

经过异步生成器增强的生成器可以在解析式语句中使用。同样地,你可以在异步解析式语句中使用异步生成器。

解决方案

为了演示如何在一个异步解析式中封装一个异步生成器,我们将编写一个非阻塞的多服务器 HTTP 客户端,它可以只使用标准库组件无缝地请求多个 URL 的内容。

我们在使用 loop.run_in_executor API 生成非阻塞请求对象的部分中部署异步解析式。我们使用 urllib3 作为一个阻塞的 HTTP 客户端库,对它进行异步处理。因此,你需要通过你选择的包管理器来安装 certifi 和 urllib3 包。例如,通过 pip 或 pipenv,你可以使用如下代码:

```
pip3 install urllib3 = =1.23
pip3 install certifi = =2018.04.16
#或者
pipenv install urllib3 = =1.23
pipenv install certifi = =2018.04.16
```

注意:在本例中,我们用 certifi 收集根证书,使用这些根证书我们可以通过 HTTPS 查询受 TLS 加密保护的网站。

```
import asyncio
import functools
from concurrent.futures.thread import ThreadPoolExecutor

import sys
import certifi
```

```python
import urllib3
async def request (poolmanager: urllib3.PoolManager,
                   executor,
                   *,
                   method = "GET",
                   url,
                   fields = None,
                   headers = None,
                   loop: asyncio.AbstractEventLoop = None, ):
    if not loop:
        loop = asyncio.get_running_loop()
    request = functools.partial(poolmanager.request,method,
    url, fields = fields, headers = headers)
    return loop.run_in_executor(executor, request)

async def bulk_requests (poolmanager: urllib3.PoolManager,
                         executor,
                         *,
                         method = "GET",
                         urls,
                         fields = None,
                         headers = None,
                         loop: asyncio.AbstractEventLoop = None, ):
    for url in urls:
        yield await request(poolmanager, executor, url = url,
        fields = fields, headers = headers, loop = loop)

def filter_unsuccesful_requests(responses_and_exceptions):
    return filter(
        lambda url_and_response: not isinstance(url_and_
        response[1], Exception),
        responses_and_exceptions.items()
    )

async def main():
    poolmanager = urllib3.PoolManager(cert_reqs = 'CERT_
    REQUIRED', ca_certs = certifi.where())
    executor = ThreadPoolExecutor(10)
    urls = [
        "https://google.de",
        "https://apple.com",
        "https://apress.com",
    ]
    requests = [request async for request in bulk_
    requests(poolmanager, executor, urls = urls, )]
```

```
        responses_and_exceptions = dict(zip(urls, await asyncio.
        gather(* requests, return_exceptions = True)))
        responses = {url: resp.data for (url, resp) in filter_
        unsuccesful_requests(responses_and_exceptions)}

        for res in responses.items():
            print(res)

        for url in urls:
            if url not in responses:
                print(f"No successful request could be
                made to {url}. Reason: {responses_and_
                exceptions[url]}", file = sys.stderr)

asyncio.run(main())
```

工作原理

我们首先围绕 urllib3.PoolManager API 编写一个非阻塞的封装器。为此,我们通过 loop.run_in_executor 协程方法在执行器上调度 poolmanager.request 方法。通过一个简单的 request 函数封装该逻辑,让它与 poolmanager.request 函数具有相同的签名(和缺省值)。

注意:这在 Python 的不同版本之间很容易出错,因为底层 API 可能会改变!

---

bulk_requests 是我们的异步生成器。它首先遍历一个 URL 列表并返回将解析为 URL 指向的内容的 future 对象(如果请求成功的话)。为了收集所有请求的 future 对象,我们部署了一个异步列表解析式。语法与同步解析式一致,只是需要在事件循环前面加一个 async 关键字。

对于 dicts 和 sets 也有类似的解析式。之后,我们继续通过 asyncio.gather 来分派请求并过滤掉不成功的事件。对于每个失败的请求都会打印一条错误消息。

编写带有异步生成器的状态机

问题

你可以使用异步生成器接口与异步生成器交互,从而将其转换为状态机。

解决方案

考虑到异步生成器的本质,即它们可以保留协程的状态并且可以通过 asend 与协程通信,我们可以通过对每个步骤进行 asend 调用来手动遍历异步生成器。

我们将编写一个由用户提示符控制的状态机,它可以根据输入调用相应的事件。

```python
import asyncio
import enum
import logging
import sys
from dataclasses import dataclass

class State(enum.Enum):
    IDLE = enum.auto()
    STARTED = enum.auto()
    PAUSED = enum.auto()

@dataclass(frozen=True)
class Event:
    name: str

START = Event("Start")
PAUSE = Event("Pause")
STOP = Event("Stop")
EXIT = Event("Exit")

STATES = (START, PAUSE, STOP, EXIT)
CHOICES = "\n".join([f"{i}: {state.name}" for i, state in
enumerate(STATES)])

MENU = f"""
Menu

Enter your choice:

{CHOICES}

"""

TRANSITIONS = {
    (State.IDLE, PAUSE): State.IDLE,
    (State.IDLE, START): State.STARTED,
    (State.IDLE, STOP): State.IDLE,

    (State.STARTED, START): State.STARTED,
    (State.STARTED, PAUSE): State.PAUSED,
```

```
        (State.STARTED, STOP): State.IDLE,

        (State.PAUSED, START): State.STARTED,
        (State.PAUSED, PAUSE): State.PAUSED,
        (State.PAUSED, STOP): State.IDLE,

        (State.IDLE, EXIT): State.IDLE,
        (State.STARTED, EXIT): State.IDLE,
        (State.PAUSED, EXIT): State.IDLE,
    }

class StateMachineException(Exception):
    pass

class StartStateMachineException(StateMachineException):
    pass

class StopStateMachineException(StateMachineException):
    pass

async def next_state(state_machine, event, * ,
exc = StateMachineException):
    try:
        if state_machine:
            await state_machine.asend(event)
    except StopAsyncIteration:
        if exc ! = StopStateMachineException:
            raise exc()

    except:
        raise exc()

async def start_statemachine(state_machine, ):
    await next_state(state_machine, None, exc = StartStateMachine
    Exception)

async def stop_statemachine(state_machine, ):
    await next_state(state_machine, EXIT,
    exc = StopStateMachineException)

async def create_state_machine(transitions, * , logger = None, ):
    if not logger:
        logger = logging.getLogger(__ name __)
    event, current_state = None, State.IDLE
    while event ! = EXIT:

        event = yield

        edge = (current_state, event)
```

```
        if edge not in transitions:
            logger.error("Cannot consume %s in state %s",
            event.name, current_state.name)
            continue

        next_state = transitions.get(edge)
        logger.debug("Transitioning from %s to %s", current_
        state.name, next_state.name)
        current_state = next_state
def pick_next_event(logger):
    next_state = None

    while not next_state:
        try:
            next_state = STATES[int(input(MENU))]
        except (ValueError, IndexError):
            logger.error("Please enter a valid choice!")
            continue

    return next_state

async def main(logger):
    state_machine = create_state_machine(TRANSITIONS,
    logger=logger)

    try:
        await start_statemachine(state_machine)

        while True:
            event = pick_next_event(logger)
            if event != EXIT:
                await next_state(state_machine, event)
            else:
                await stop_statemachine(state_machine)

    except StartStateMachineException:
        logger.error("Starting the statemachine was
        unsuccessful")
    except StopStateMachineException:
        logger.error("Stopping the statemachine was
        unsuccessful")
    except StateMachineException:
        logger.error("Transitioning the statemachine was
        unsuccessful")

logger = logging.getLogger(name)
logger.addHandler(logging.StreamHandler(sys.stdout))
```

```
logger.setLevel(logging.DEBUG)

try:
    asyncio.get_event_loop().run_until_complete(main(logger))
except KeyboardInterrupt:
    logger.info("Closed loop..")
```

工作原理

状态机的核心是一个函数,该函数定义了如何执行从给定输入的当前状态到另一状态的转换。在我们的例子中,它是 next_state。

next_state 封装了状态转换逻辑并捕获 StopAsyncIteration,当我们在生成器上调用 aclose 时,它就会被抛出。还需要通过 TRANSITIONS 字典提供一个定义可能发生的有效转换的表。

我们将状态事件建模为数据类并将状态看作一个枚举值。用户通过 pick_next_event 函数得到提示,该函数会提供一个菜单,该菜单与状态机上可能调用的事件相匹配。当前状态将被打印出来。如果调用了无效的转换,我们将抛出一个自定义的 StateMachineException 来通知用户出错了。

此外,我们还定义了启动、停止和创建状态机的便利方法。create_state_machine 返回一个异步生成器并按需等待 I/O。它会忽略与未知转换相关的事件。

使用异步生成器后的清理工作

问题

当事件循环将状态更改为停止或取消时,异步生成器可能会在执行时卡住。

解决方案

为了能够正确地停止异步生成器,需要通过异步生成器的 aclose 属性向底层生成器抛出一个 GeneratorExit 异常。

当遇到多个异步生成器时,事件循环和 asyncio 模块提供了两种干净地解决问题的方法。

可选方案 1

```
import asyncio

async def async_gen_coro():
    yield 1
    yield 2
    yield 3

async def main():
    async_generator = async_gen_coro()
    await async_generator.asend(None)
    await async_generator.asend(None)

asyncio.run(main())
```

工作原理

asyncio.BaseEventLoop 提供了 BaseEventLoop.shutdown_asyncgens API，用于调度对所有运行的异步生成器的 aclose 调用。

asyncio.run 在内部可以方便地为我们处理对 loop.shutdown_asyncgens 的调用。

可选方案 2

```
import asyncio

async def endless_async_gen():
    while True:
        yield 3
        await asyncio.sleep(1)

async def main():
    async for i in endless_async_gen():
        print(i)

loop = asyncio.new_event_loop()
asyncio.set_event_loop(loop)

try:
    loop.run_until_complete(main())
except KeyboardInterrupt:
    print("Caught Ctrl + C. Exiting now..")
finally:
    try:
```

```
        loop.run_until_complete(loop.shutdown_asyncgens())
    finally:
        loop.close()
```

工作原理

如果你想要在你的代码不会产生任何新的异步生成器时调用 `BaseEvent.shutdown_asyncgens`,那么你可以部署一个更复杂的关闭例程。原理都是一样的:你需要在 `try-except-finally` 语句块的 `finally` 部分放置你的 `loop.shutdown_asyncgens` 并用 `loop.run_until_complete/loop.run_forever` 包裹它,因为你希望它不受到任何循环可能遇到的异常的影响。

编写一个基于 Web 爬虫的异步生成器

问题

我们想创建一个 Web 爬虫,可以通过异步生成器来最有效地利用 CPU 时间。

解决方案

Web 爬虫是一个系统浏览 Web 的软件。这意味着它从一个 URL 这样的点开始,遍历它遇到的所有链接。如果 Web 爬虫以同步方式运行,那么它可能会阻塞在等待请求响应时可能执行的其他任务。异步生成器可以在此时将控制权交给事件循环控制代码执行,以便更好地利用 CPU 时间。

```python
import asyncio

import re

import typing

from concurrent.futures import Executor, ThreadPoolExecutor

from urllib.request import urlopen

DEFAULT_EXECUTOR = ThreadPoolExecutor(4)
ANCHOR_TAG_PATTERN = re.compile(b"<a.+? href=[\"|\'](.* ?)
[\"|\'].* ? >", re.RegexFlag.MULTILINE | re.RegexFlag.IGNORECASE)
```

```python
async def wrap_async(generator: typing.Generator,
                     executor: Executor = DEFAULT_EXECUTOR,
                     sentinel = object(),
                     *,
                     loop: asyncio.AbstractEventLoop = None):
    """
```

我们封装了一个生成器并返回一个异步生成器
```
    :param iterator:
    :param executor:
    :param sentinel:
    :param loop:
    :return:
    """

    if not loop:
        loop = asyncio.get_running_loop()

    while True:
        result = await loop.run_in_executor(executor, next,
        generator, sentinel)
        if result == sentinel:
            break
        yield result

def follow(* links):
    """
    :param links:
    :return:
    """
    return ((link, urlopen(link).read()) for link in links)

def get_links(text: str):
    """
```

返回一个迭代器,它让我们以迭代且安全的方式获取文本中的所有链接
```
    :param text:
    :return:
    """
    # 总是获取正则匹配最后一个结果,因为这是智能 http 解析器解释格式错误的锚标记的方法
    return (match.groups()[-1]
            for match in ANCHOR_TAG_PATTERN.finditer(text)
            # 这部分代码用于防止匹配结果为 None 和 href 匹配数为 0
            if hasattr(match, "groups") and len(match.groups()))

async def main(* links):
    async for current, body in wrap_async(follow(* links)):
        print("Current url:", current)
```

```
        print("Content:", body)
        async for link in wrap_async(get_links(body)):
            print(link)

    asyncio.run(main("http://apress.com"))
```

工作原理

我们的爬虫关注两个主要任务——请求一个网站和提取需要跟踪的所有链接。这两个任务都涉及大量的 I/O。我们可以将其卸载到线程池中,在线程池中可以通过使用 `loop.run_in_executor` API 并行地执行任务(这样任务之间就不会相互阻塞了)。为此,我们编写了一个 `wrap_async` 函数。

注意:我们也可以使用启用了 asyncio 的网络模块,如 aiohttp,不过这不在该示例讨论的范围内。

在爬虫内部,我们调用内置的 next,它接受一个生成器和一个默认值,如果抛出 StopIteration 异常,该默认值将会被返回。我们通过一个哨兵(sentinel)对象稍后可以对其进行测试。这个结构将在生成器上迭代,直到耗尽为止,并且会在异步生成器由 `if result == sentinel:` 条件被关闭时返回哨兵对象。因为 `loop.run_in_executor` 方法返回一个 future 对象,所以我们需要等待它来获得结果。此函数确保生成器的每个步骤都是非阻塞执行的。

我们需要创建两个生成器,一个跟踪链接,另一个从网站提取链接:

- `follow` 函数使用 urllib 处理多个链接,读取 URL 的内容;
- `get_links` 函数使用一个正则表达式迭代器提取多个 HTML 页面的链接。

由于 next 上的 `loop.run_in_executor`,每一个步骤都是在线程池中被调度的。然后在 main 中使用异步生成器,打印找到的链接和当前的 URL/主体。

5

使用异步上下文管理器

上下文管理器(context manager)开放了一个便捷的 API 来管理运行时上下文。它们提供了进入和退出上下文管理器作用域的能力。由于 asyncio 扩展了语言的执行暂停的可能性,因此同步上下文管理器显然不能与事件循环进行无缝交互。

异步上下文管理器是一个可以使用 await 关键字在其 enter 和 exit 方法中暂停执行的上下文管理器。通过这种方式,它可以将控制权交还给事件循环,并以异步方式与资源(如数据库)交互。

异步上下文管理器是在 PEP-0492 提案中被引入的,并使用了我们目前已经从异步生成器中获得的模式。主流的 API(如 for 循环)都可以和 async 关键字一起使用。在使用异步上下文管理器的场景中,with 关键字将以 async 关键字作为前缀。

为了不影响上下文管理器 API,Python 社区决定将上下文管理器协议中使用的所有方法都复制到异步上下文中,而不是直接重用。

例如,双下划线(dunder)方法__ enter __和__ exit __被复制为用于异步变量的__ aenter __和__ aexit __方法。

需要注意的是,__ aenter __和__ aexit __都需要是协程方法。对于 Python 3.7,在原生协程的帮助下,现在可以将异步生成器和 asynccontextmanager 装饰器联合使用以遵守异步上下文管理器协议。

编写异步上下文管理器

从 Python 3.7 开始,有两种方法可以编写异步上下文管理器。与同步上下文管理器类似,我们可以编写一个类并覆盖__ aenter __和__ aexit __协程方法,也可以使用 asynccontextmanager 装饰器。

解决方案

在这个解决方案中,我们将通过编写一个支持非阻塞文件 I/O 的异步上下文管理器来使用 asynccontextmanager 装饰器。

```python
from concurrent.futures.thread import ThreadPoolExecutor
from contextlib import asynccontextmanager
import asyncio

class AsyncFile(object):

    def __init__(self, file, loop=None, executor=None):
        if not loop:
            loop = asyncio.get_running_loop()
        if not executor:
            executor = ThreadPoolExecutor(10)
        self.file = file
        self.loop = loop
        self.executor = executor
        self.pending = []
        self.result = []

    def write(self, string):
        self.pending.append(
            self.loop.run_in_executor(self.executor, self.file.
            write, string, )
        )

    def read(self, i):
        self.pending.append(
            self.loop.run_in_executor(self.executor, self.file.
            read, i, )
        )

    def readlines(self):
        self.pending.append(
            self.loop.run_in_executor(self.executor, self.file.
```

```
            readlines, )
        )

@asynccontextmanager
async def async_open(path, mode = "w"):
    with open(path, mode = mode) as f:
        loop = asyncio.get_running_loop()
        file = AsyncFile(f, loop = loop)
        try:
            yield file
        finally:
            file.result = await asyncio.gather(* file.pending,
            loop = loop)
```

工作原理

利用我们关于异步生成器的知识和调用 open 函数返回的上下文管理器,我们就可以编写一个异步生成器函数,在文件句柄周围返回一个非阻塞封装器。

AsyncFile 类提供了一些方法可以将对 write、read 和 readlines 的调用添加到挂起的任务列表中。这些任务通过 finally 语句块中的事件循环在 ThreadPoolExecutor 上被调度。

在本例中,finally 语句块对应于 __ aexit __,因为它用来保证程序能够运行;它也在 AsyncFile 对象产生之后发生。

通过这种方式,我们就可以在异步上下文管理器的上下文中实现非阻塞文件 I/O。

注意:read 调用的结果被存储在 AsyncFile 对象的 result 字段中。

运行异步上下文管理器

对于前面示例中的异步上下文管理器,我们希望借助 async with 关键字来调度异步上下文管理器。

解决方案

使用 async with 关键字,我们就可以进入异步上下文管理器的运行时上下文。

注意:async with 语法只能在协程函数中使用。

在进入异步上下文管理器作用域时,不使用参数来调用__ aenter __协程方法;在离开时,使用以下参数来调用__ aenter __协程方法:异常类型、异常值和回溯(traceback)对象。

注意:传递给__ aexit __的参数是可选的,如果没有发生异常,可以设置为 None。

```
import asyncio
import tempfile
import os

async def main():
    tempdir = tempfile.gettempdir()
    path = os.path.join(tempdir, "run.txt")
    print(f"Writing asynchronously to {path}")

    async with async_open(path, mode = "w") as f :
        f.write("This \n")
        f.write("might \n")
        f.write("not \n")
        f.write("end \n")
        f.write("up \n")
        f.write("in \n")
        f.write("the \n")
        f.write("same \n")
        f.write("order! \n")

asyncio.run(main())
```

工作原理

由于异步上下文管理器使用 async 关键字,因此它只能用于(原生)协程方法的上下文中。

语法就是 async with 后面跟着对异步上下文管理器的调用,最后再以一个 as 指令结尾。其余部分都与同步上下文管理器类似。

同步挂起的协程以干净地结束

asyncio 提供了多个 API 让你等待挂起的协程。

有些 API 针对单个和多个协程,有些 API 允许开发人员在特定条件下或迭代地等待协程。

我们希望了解如何将这些 API 与异步上下文管理器结合使用,以便干净地同步挂起的协程。

解决方案

下面的 API 可以与 await 关键字一起用于等待协程:asyncio.gather、asyncio.wait、asyncio.wait_for 以及 as_completed。

但是这个步骤需要手动触发。使用异步上下文管理器,我们可以围绕这些函数编写简单的封装器来创建强大的高级同步工具。

下面的代码演示了一种同步方式,在此之后,我们就可以认为所有被调度的协程都已结束。

```
import asyncio
class Sync():
    def __init__(self):
        self.pending = []
        self.finished = None

    def schedule_coro(self, coro, shield=False):
        fut = asyncio.shield(coro) if shield else asyncio.
        ensure_future(coro)
        self.pending.append(fut)
        return fut

    async def __aenter__(self):
        return self

    async def __aexit__(self, exc_type, exc_val, exc_tb):
        self.finished = await asyncio.gather(* self.pending,
        return_exceptions=True)

async def workload():
    await asyncio.sleep(3)
    print("These coroutines will be executed simultaneously and
```

```
        return 42")
        return 42

async def main():
    async with Sync() as sync:
        sync.schedule_coro(workload())
        sync.schedule_coro(workload())
        sync.schedule_coro(workload())
    print("All scheduled coroutines have retuned or thrown:",
    sync.finished)

asyncio.run(main())
```

工作原理

利用我们关于 asyncio.gather 和异步上下文管理器协议的知识,我们可以构建一个组件,调度任务并等待离开上下文的作用域。

对于这个问题,我们编写了一个名为 Sync 的异步上下文管理器,它开放了一个可以用来调度工作(以协程的形式)并最终屏蔽工作的 schedule_coro 方法,然后将其添加到列表中。

在所有的工作都被调度好并被保护起来不被取消之后,我们可以通过 asyncio.gather 干净地等待它。需要注意的是,asyncio.shield 负责调度工作负载。因此,此时工作已经运行并且是一个任务对象。

由于将非任务传递给 asyncio.gather 是已经被废弃的做法,因此这里以这样的方式实现。

注意: 你需要使用 schedule_coro 返回的任务对象来进行一致性检验!

与可关闭资源异步交互

你可能必须处理将其关闭操作调度为并发操作的资源。

解决方案

在公开一个 future 对象的同时异步关闭资源的前提下,我们可以暂停对资源的关闭操作,可以编写一个抽象清理/关闭的异步上下文管理器。

```python
import asyncio
import socket
from contextlib import asynccontextmanager
@asynccontextmanager
async def tcp_client(host = 'google.de', port = 80):
    address_info = (await asyncio.get_running_loop().getaddrinfo(
        host, port,
        proto = socket.IPPROTO_TCP,
    )).pop()

    if not address_info:
        raise ValueError(f"Could not resolve {host}:{port}")
    host,port = address_info[-1]
    reader, writer = await asyncio.open_connection(host, port)
    try:
        yield (reader, writer)
    finally:
        writer.close()
        await asyncio.shield(writer.wait_closed())
async def main():
    async with tcp_client()as (reader, writer):
        writer.write(b"GET /us HTTP/1.1 \r \nhost: apress.com \r \n \r \n")
        await writer.drain()
        content = await reader.read(1024**2)
        print(content)

asyncio.run(main())
```

工作原理

asyncio 为我们提供了一个高级工具 asyncio.open_ connection,用于打开具有给定端口的 URL 上的异步流写入器(writer)和读取器(reader)。

写入器需要正确关闭以释放连接过程中打开的套接字;否则,连接双方都仍然处于连接状态(不考虑由于错误而提前断开连接)。

我们可以使用 close 方法关闭写入器,但是在 wait_closed 这个可等待对象完成等待之前,我们不能安全地假定它已关闭了。

我们屏蔽等待 `writer.wait_closed`,这样它不能从外部被取消。

如果我们已经关闭并等待 `finally` 语句块中的写入器,就可以安全地假设这两个操作都成功了或者写入器内部出现了异常。

编写事件循环线程池异步上下文管理器

当我们知道如何构建一个异步上下文管理器来同步所有被调度的协程离开上下文作用域,以及如何构建自定义事件循环之后,我们就知道如何编写一个事件循环线程池(worker pool)异步上下文管理器来确保所有的 `loop.call_*` 回调函数在离开其作用域后结束。

解决方案

在第2章中,我们讨论了一种通过编写自己的事件循环实现来等待事件循环同步操作的方法。

你可能还记得学习过 `await_callbacks` 方法,它需要被等待以确保所有被调度的句柄都已完成。

我们将利用相同的事件循环实现并结合异步上下文管理器协议来构建一个协程线程池异步上下文管理器。

```python
import asyncio
from contextlib import asynccontextmanager
from functools import partial as func

class SchedulerLoop(asyncio.SelectorEventLoop):

    def __init__(self):
        super(SchedulerLoop, self).__init__()
        self._scheduled_callback_futures = []
        self.results = []

    @staticmethod
    def unwrapper(fut: asyncio.Future, function):
        """
        消除 fut 隐含参数的函数
```

```
        :param fut:
        :type fut:
        :param function:
        :return:
        """
        return function()

    def _future(self, done_hook):
        """
        创建一个 future 对象,在等待时调用 done_hook
        :param loop:
        :param function:
        :return:
        """
        fut = self.create_future()
        fut.add_done_callback(func(self.unwrapper,
        function=done_hook))
        return fut

    def schedule_soon_threadsafe(self, callback, *args,
    context=None):
        fut = self._future(func(callback, *args))
        self._scheduled_callback_futures.append(fut)
        self.call_soon_threadsafe(fut.set_result, None,
        context=context)

    def schedule_soon(self, callback, *args, context=None):
        fut = self._future(func(callback, *args))
        self._scheduled_callback_futures.append(fut)
        self.call_soon(fut.set_result, None, context=context)

    def schedule_later(self, delay_in_seconds, callback, *args,
    context=None):
        fut = self._future(func(callback, *args))
        self._scheduled_callback_futures.append(fut)
        self.call_later(delay_in_seconds, fut.set_result, None,
        context=context)

    def schedule_at(self, delay_in_seconds, callback, *args,
    context=None):
        fut = self._future(func(callback, *args))
        self._scheduled_callback_futures.append(fut)
        self.call_at(delay_in_seconds, fut.set_result, None,
        context=context)

    async def await_callbacks(self):
        callback_futs = self._scheduled_callback_futures[:]
```

```
        self._scheduled_callback_futures[:] = []
        return await asyncio.gather(*callback_futs, return_
        exceptions = True, loop = self)
    class SchedulerLoopPolicy(asyncio.DefaultEventLoopPolicy):
        def new_event_loop(self):
            return SchedulerLoop()

@asynccontextmanager
async def scheduler_loop():
    loop = asyncio.get_running_loop()
    if not isinstance(loop, SchedulerLoop):
        raise ValueError("You can run the scheduler_loop async
        context manager only on a SchedulerL    ")

    try:
        yield loop
    finally:
        loop.results = await loop.await_callbacks()

async def main():
    async with scheduler_loop() as loop:
        loop.schedule_soon(print, "This")
        loop.schedule_soon(print, "works")
        loop.schedule_soon(print, "seamlessly")

asyncio.set_event_loop_policy(SchedulerLoopPolicy())
asyncio.run(main())
```

工作原理

scheduler_loop 是我们的异步上下文管理器，它确保我们运行的事件循环是一个
SchedulerLoop。

它获取当前运行的事件循环并在它的 __aexit__ 部分/finally 语句块中等待 loop.a-
wait_callbacks。

为了能够使用便利的 asyncio.run API，我们编写了一个小的 LoopPolicy 函数来覆盖
loop.new_event_loop 方法，以返回一个 SchedulerLoop 实例。

之后，我们就可以运行主协程来查看我们的异步上下文管理器 scheduler_loop 的运行
情况。

编写子进程线程池异步上下文管理器

利用前面学过的若干模式,我们就可以编写一个异步上下文管理器来调度不同进程上的函数并在事件循环上运行。

解决方案

使用 asyncio.wrap_future 方法,可以将 concurrent.futures.Future 对象封装成可等待的 asyncio.Future 对象,从而实现与多进程包的交互。不建议将 ProcessPoolExecutor 直接传递给 loop.run_in_executor API(因为被配置为使用它的事件循环可能会在 loop.close 上抛出一个 OSError,详情请参考 https://bugs.python.org/issue34073)。首选的方法是将 asyncio.wrap_future 和 executor.submit API 一起使用。

```python
import asyncio
from concurrent.futures.process import ProcessPoolExecutor
from contextlib import asynccontextmanager
from multiprocessing import get_context, freeze_support

CONTEXT = get_context("spawn")

class AsyncProcessPool:
    def __init__(self, executor, loop=None, ):
        self.executor = executor
        if not loop:
            loop = asyncio.get_running_loop()
        self.loop = loop
        self.pending = []
        self.result = None

    def submit(self, fn, *args, **kwargs):
        fut = asyncio.wrap_future(self.executor.submit(fn,
        *args, **kwargs), loop=self.loop)
        self.pending.append(fut)
        return fut

@asynccontextmanager
async def pool(max_workers=None, mp_context=CONTEXT,
                initializer=None, initargs=(), loop=None, return_
                exceptions=True):
    with ProcessPoolExecutor(max_workers=max_workers, mp_
```

```
                context = mp_context,
                                    initializer = initializer,
                                    initargs = initargs) as executor:
            pool = AsyncProcessPool(executor, loop = loop)
            try:
                yield pool
            finally:
                pool.result = await asyncio.gather(*pool.pending,
                loop = pool.loop, return_exceptions = return_exceptions)
async def main():
    async with pool() as p:
        p.submit(print, "This works perfectly fine")
        result = await p.submit(sum, (1, 2))
        print(result)
    print(p.result)
if __ name __ == '__ main __':
    freeze_support()
asyncio.run(main())
```

工作原理

考虑到 ProcessPoolExecutor 有一个 submit 方法可以返回 concurrent.futures.Future 对象,我们可以编写一个 AsyncProcessPool,它为我们提供了一个与 submit 类似的方法,通过对返回值使用 asyncio.wrap_future 来处理事件循环。

通过保存调度的任务,我们可以在异步上下文管理器的 finally 语句块中等待它们。

使用 asyncio.wrap_future,我们可以安全地以 asyncio 的方式与子进程计算结果交互。我们可以用 asyncio.wait_for 来处理超时,或用 asyncio.shield 来保护它们不被取消(前提是没有任何东西可以从内部取消子进程)。

当我们退出线程池作用域时,所有被调度的工作负载都将结束。

此外,如果我们需要在异步上下文管理器作用域内做出更有力的保证,我们可以手动等待它们。

6

asyncio 组件之间的通信

在前面几章中,我们介绍了标准库组件(甚至是全新的 API)的异步接口,在更广泛的意义上,这些接口保持了可共享状态/上下文或是"可运行的"。包括:

- 协程
- 任务
- 异步生成器
- 异步上下文管理器
- 异步解析式
- 子进程

这些组件可能需要与异步组件的其他实例共享状态,相关的例子包括:

- 协程 worker
- 状态机或状态保持协程,比如一个音频播放器(播放/暂停/空闲)
- 多个子流程的监控器(watchdog)
- 多个分布式计算的同步化

为了促进状态/上下文的共享,asyncio 提供了对应的进程/线程通信以及队列和信号等工具。asyncio 还影响了新 API 的创建,比如 *contextvars*,它旨在为任务提供与线程局部变量等价的语义。需要注意的是,数据完整性对分布式系统的影响也同样适用于异步组件之间的状态共享。在对共享状态的并发读写出现不协调时,数据竞争就可能发生,我们将在第 7 章中对此进行讨论。

向异步生成器发送额外信息

问题

异步生成器是 asyncio 库提供的非常强大的功能,让我们能够暂停协程、生成中间值并将值发送给正在运行的异步生成器。

我们在状态机的例子中已经学习了如何实现所有这些操作。基本上,当时的做法是在异步生成器上手动迭代,不过这种解决方案也许不太简洁。

如果我们重点关注启用状态机的机制,那么就可以找到这个问题的更通用的解决方案,我们也可以在其中轻松地实现状态机示例。

解决方案

我们编写了一个 Python 3.7 风格的异步上下文管理器,使用 @asynccontextmanager 装饰器并手动迭代它,这样就可以在它运行时发送值。

```python
import asyncio
import logging
from contextlib import asynccontextmanager

class Interactor:
    def __init__(self, agen):
        self.agen = agen

    async def interact(self, *args, **kwargs, ):
        try:
            await self.agen.asend((args, kwargs))
        except StopAsyncIteration:
            logging.exception("The async generator is already
            exhausted!")

async def wrap_in_asyngen(handler):
    while True:
        args, kwargs = yield
        handler(*args, **kwargs)

@asynccontextmanager
async def start(agen):
    try:
        await agen.asend(None)
```

```
        yield Interactor(agen)
    finally:
        await agen.aclose()

async def main():
    async with start(wrap_in_asyngen(print)) as w:
        await w.interact("Put")
        await w.interact("the")
        await w.interact("worker")
        await w.interact("to")
        await w.interact("work!")

asyncio.run(main())
```

工作原理

Interactor 类封装了可以与异步生成器进行通信的部分功能。它使用 asend 协程方法传递通用的有效负载(payload),通过将 * args 和 * * kwargs 参数封装到一个元组(tuple)来实现。

因此,异步生成器需要遵守契约并展开有效负载。我们的辅助异步生成器 wrap_in_asyngen 会把这些值传递给一个通过处理程序参数传递的可调用对象。

这个辅助异步生成器可以表现为全状态的(state-fully),但需要注意的是,如果你将局部变量的状态提供给调用者(caller),那么它们将被重新设置为初始值。

start 异步上下文管理器将异步生成器封装在一个 Interactor 中并将其返回给我们。

通过 interact 在底层调用 asend,这相当于异步 for 循环行为。

异步 for 循环首先以 None 作为参数在底层调用 asend 来启动异步生成器的迭代。

后续迭代步骤以 None 为参数调用 asend,直到它们接收到名为 _PyAsyncGenWrappedValue 的特殊标记值为止,该值指示引发一个 StopAsyncIteration 异常并包含最后产生的值。

如果你手动控制 asend 调用,则可以像示例演示的那样将值推送到异步生成器。

如果你想在异步生成器中抛出异常,也可以使用 athrow 协程来实现。在这种情况下,你需要在异步生成器函数中处理异常;否则,它将提前停止。

在协程中使用队列

问题

队列被广泛用于并发任务,特别是在多线程或多进程应用程序的上下文中,因此对开发人员来说这是一个非常熟悉的操作。

如果希望将这样的应用程序迁移到具有协程的队列中,你可能想知道是否存在与 asyncio 的 multiprocessing.Queue 类似的数据结构可以很好地使用协程。

解决方案

我们只要利用 asyncio.Queue 就可以借助 asyncio 原生对象来处理有效负载的排队了。

```python
import asyncio
import logging

logging.basicConfig(level = logging.DEBUG)

async def producer(iterable, queue: asyncio.Queue, shutdown_
event: asyncio.Event):
    for i in iterable:

        if shutdown_event.is_set():
            break
        try:
            queue.put_nowait(i)
            await asyncio.sleep(0)

        except asyncio.QueueFull as err:
            logging.warning("The queue is too full. Maybe the worker are too
            slow.")
        raise err

    shutdown_event.set()

async def worker(name, handler, queue: asyncio.Queue, shutdown_
event: asyncio.Event):
    while not shutdown_event.is_set() or not queue.empty():
        try:
            work = queue.get_nowait()
            #模拟任务
            handler(await asyncio.sleep(1.0, work))
```

```
            logging.debug(f"worker {name}: {work}")
        except asyncio.QueueEmpty:
            await asyncio.sleep(0)
async def main():
    n, handler, iterable = 10, lambda val: None, [i for i in range(500)]
    shutdown_event = asyncio.Event()
    queue = asyncio.Queue()
    worker_coros = [worker(f"worker_{i}", handler, queue, shutdown_event)
    for i in range(n)]
    producer_coro = producer(iterable, queue, shutdown_event)
    coro = asyncio.gather(
        producer_coro,
        * worker_coros,
        return_exceptions = True
    )
    try:
        await coro
    except KeyboardInterrupt:
        shutdown_event.set()
        coro.cancel()

try:
    asyncio.run(main())
except KeyboardInterrupt:
    #触发异常
    logging.info("Pressed ctrl + c...")
```

工作原理

worker-producer 模式与协程配合如下：

1. 一个 producer 协程产生新的工作负载(workload)并将其放入一个队列供 worker 协程获取。

2. 它侦听关闭信号以停止产生新的工作负载并优雅地关闭程序。

3. 使用队列时,我们必须处理 asyncio.QueueFull 异常。当我们完成生产时,我们要为 producer 设置 shutdown_event。

4. 另一方面,worker 协程迫切地寻找队列中的工作,如果没有工作就暂停。在我们还没有最终收到关闭事件时,"没有工作"(no work)的指示是一个 asyncio.QueueEmpty 异常。

注意:重要的是在我们的 worker 协程内部有一个 async.sleep,这样其他 worker 协程也有机会获得一个工作负载。另外,在 producer 协程内部有一个 async.sleep(0)也很重要,这样 worker 协程就有机会从队列中获取工作负载;否则,在 producer 协程将队列完全填满之前,worker 协程是不会启动的。

使用流与子进程通信

子进程 API 提供了通过底层工具(如 fork 和 spawn)以更高级的方式产生和容纳子进程的方法。

通常,我们希望部署 IPC 信道如管道(pipe)与我们的子进程进行通信,但是对于多个进程来说,这种方法可能有点笨拙。

既然 asyncio 提供了一个很好的异步流 API,那么我们可以利用它作为子进程的通信信道。

需要注意的是,在 UNIX 系统上,我们推荐采用 UNIX 服务器和使用 UNIX 域套接字(domain socket)的解决方案 2。这样做的好处是,你可以在你的套接字上使用复杂的 UNIX 文件权限系统(file permission system)进行访问控制,另外由于绕过了 IP 协议栈机制,因此可以获得更快的运行速度。

为了使参数解析简单明了,我们决定将这些示例分开演示。

解决方案 1:适用于 Windows 和 UNIX

使用 asyncio.start_server 和 asyncio.open_connection API,我们可以有两个子进程相互通信,此外还可以使用 IPC 管道。

此示例使用 TCP 套接字进行通信,因此是跨平台的。

```
import argparse
import asyncio
import sys

parser = argparse.ArgumentParser("streamserver")

subparsers = parser.add_subparsers(dest = "command")
primary = subparsers.add_parser("primary")
```

```python
secondary = subparsers.add_parser("secondary")
for subparser in (primary, secondary):
    subparser.add_argument("--host", default="127.0.0.1")
    subparser.add_argument("--port", default=1234)

async def connection_handler(reader: asyncio.StreamReader,
writer: asyncio.StreamWriter):
    print("Handler started")
    writer.write(b"Hi there!")
    await writer.drain()
    message = await reader.read(1024)
    print(message)

async def start_primary(host, port):
    await asyncio.create_subprocess_exec(sys.executable,
    __file__, "secondary", "--host", host, "--port", str(port),)
    server = await asyncio.start_server(connection_handler,
    host=host, port=port)
    async with server:
        await server.serve_forever()

async def start_secondary(host, port):
    reader, writer = await asyncio.open_connection(host, port)
    message = await reader.read(1024)
    print(message)
    writer.write(b"Hi yourself!")
    await writer.drain()
    writer.close()
    await writer.wait_closed()

async def main():
    args = parser.parse_args()
    if args.command == "primary":
        await start_primary(args.host, args.port)
    else:
        await start_secondary(args.host, args.port)

try:
    import logging
    logging.basicConfig(level=logging.DEBUG)
    logging.debug("Press ctrl+c to stop")
    if sys.platform == 'win32':
        asyncio.set_event_loop_policy(asyncio.
        WindowsProactorEventLoopPolicy())
    asyncio.run(main())
except KeyboardInterrupt:
```

```
logging.debug("Stopped..")
```

解决方案 2:仅适用于 UNIX

这个示例仅适用于 UNIX 系统,因为它使用了 UNIX 域套接字进行通信。

为了启动服务器,我们使用 asyncio.start_unix_server 和 asyncio. open_unix_ connection 替代 asyncio.start_server 和 asyncio.open_connection API。

```python
import argparse
import asyncio
import sys

parser = argparse.ArgumentParser("streamserver")

subparsers = parser.add_subparsers(dest="command")
primary = subparsers.add_parser("primary")
secondary = subparsers.add_parser("secondary")
for subparser in (primary, secondary):
    subparser.add_argument("--path", default="/tmp/asyncio.socket")

async def connection_handler(reader: asyncio.StreamReader,
writer: asyncio.StreamWriter):
    print("Handler started")
    writer.write(b"Hi there!")
    await writer.drain()
    message = await reader.read(1024)
    print(message)

async def start_primary(path):
    await asyncio.create_subprocess_exec(sys.executable,
    __file__, "secondary", "--path", path)

    server = await asyncio.start_unix_server(connection_
    handler, path)
    async with server:
        await server.serve_forever()

async def start_secondary(path):
    reader, writer = await asyncio.open_unix_connection(path)
    message = await reader.read(1024)
    print(message)
    writer.write(b"Hi yourself!")
    await writer.drain()
    writer.close()
```

```
    await writer.wait_closed()
async def main():
    args = parser.parse_args()

    if args.command == "primary":
        await start_primary(args.path)
    else:
        await start_secondary(args.path)
try:
    import logging
    logging.basicConfig(level = logging.DEBUG)
    logging.debug("Press ctrl + c to stop")
    asyncio.run(main())
except KeyboardInterrupt:
    logging.debug("Stopped..")
```

工作原理

下面让我们应用这两种解决方案。可以通过以如下方式调用来启动程序(在 UNIX 系统上):

```
env python3 primary -- host 127.0.0.1 -- port <portnumber>
```

或将下面的命令用于 UNIX 域套接字解决方案 2:

```
env python3 primary - -path <path>
```

这样使用下面的代码就会自动生成一个子进程:

```
await asyncio.create_subprocess_exec(sys.executable,__ file __, "secondary",
"--host", host, "--port",str(port),)
```

或将下面的代码用于 UNIX 域套接字解决方案 2:

```
await asyncio.create_subprocess_exec(sys.executable,__ file __, "secondary",
"--path", path)
```

下面的代码负责生成服务器(server)进程,并在每次连接尝试时调用 connection_ handler。它将注入一个 StreamWriter 和 StreamReader 实例:

```
server = await asyncio.start_unix_server(connection_handler, path)
async with server:
    await server.serve_forever()
```

StreamReader 的读取(read)API 是完全异步的,会一直阻塞直到它有实际的数据读取。

写入(writer)API 不是异步的,因为 write* 方法不能被等待。

流控制(flow control)必须通过等待 writer.drain 来实现,它会阻塞直到缓冲区的大小降到最低水平之后写入操作才可以恢复。如果没有什么可等待的,它将立即返回。

使用以下代码建立与流服务器的连接:

```
reader, writer = await asyncio.open_connection(host, port)
```

或将下面的代码用于 UNIX 域套接字解决方案 2:

```
reader, writer = await asyncio.open_unix_connection(path)
```

我们收到流读取器和写入器之后就可以使用它们来回传输有效负载:

```
message = await reader.read(1024)
print(message)
writer.write(b"Hi yourself!")
await writer.drain()
writer.close()
await writer.wait_closed()
```

需要注意的是,我们在调用 writer.close()之后等待 writer.wait_closed(),writer.closer()是一个新的 Python 3.7API,专门用于这里的应用场景。还要注意的是,在使用 StreamReader 的场景中,我们不需要进行关闭操作。

用 asyncio 编写一个简单的 RPC 系统

使用 asyncio 和 MQTT 作为传输层,我们就可以构建一个简单的异步 RPC(远程过程调用,Remote Procedure Call)系统。

使用 RPC 基本上意味着我们可以调用另一个程序中定义的函数/过程,就好像它属于我们的程序代码一样。当我们需要在系统涉及的各方之间建立稳定的连接,以便对各方之间的远程过程调用作出反应时,选择 MQTT 作为传输层是最好的选择。

系统涉及的三个参与方如下:

- RPCRegistrar:注册你的远程过程以向客户发出可用性信号的地方;
- RPCClients:前面注册的远程过程的消费者(consumer);
- RPCService:远程过程的提供者(provider)。

这个示例假设你在默认端口上本地运行一个 Mosquitto MQTT 服务器实例。你可以从以下地址下载:

https://mosquitto.org/download/

你还可以使用 Mosquitto 官方的测试服务器替换示例中的 MQTT URL。详情参考 mqtt://test.mosquitto.org。

示例假设你已经安装了 hbmqtt 库。如果你还没有安装它,可以通过下面的命令安装:

```
pip3 install hbmqtt
#或者
pipenv install hbmqtt
```

解决方案

使用 hbmqtt 库,我们可以为远程过程调用构建一个异步 MQTT 绑定。我们将定义一个多阶段协议,用于以 Python 方式调用和获取调用的结果。MQTT 以发布(publish)-订阅(subscribe)模式工作,这使得它非常适合与 asyncio.Future 的互操作。

```
import abc
import asyncio
import collections

import inspect
import logging
import pickle
import typing
from contextlib import asynccontextmanager
from pickle import PickleError
from uuid import uuid4

from hbmqtt.client import MQTTClient, ConnectException
from hbmqtt.mqtt.constants import QOS_0

GET_REMOTE_METHOD = "get_remote_method"
GET_REMOTE_METHOD_RESPONSE = "get_remote_method/response"
```

```
CALL_REMOTE_METHOD = "call_remote_method"
CALL_REMOTE_METHOD_RESPONSE = "call_remote_method/response"

REGISTER_REMOTE_METHOD = "register_remote_method"
REGISTER_REMOTE_METHOD_RESPONSE = "register_remote_method/response"

logging.basicConfig(level = logging.INFO)

@asynccontextmanager
async def connect(url):
    client = MQTTClient()
    try:
        await client.connect(url)
        yield client
    except ConnectException:
        logging.exception(f"Could not connect to {url}")
    finally:
        await client.disconnect()

@asynccontextmanager
async def pool(n, url):
    clients = [MQTTClient() for _ in range(n)]
    try:
        await asyncio.gather(*[client.connect(url) for client in clients])
        yield clients
    except ConnectException:
        logging.exception(f"Could not connect to {url}")
    finally:
        await asyncio.gather(*[client.disconnect() for client in clients])

def set_future_result(fut, result):
    if not fut:
        pass
    if isinstance(result, Exception):
        fut.set_exception(result)
    else:
        fut.set_result(result)

class RPCException(Exception):
    def __init__(self, message):
        self.message = message

    def __str__(self):
        return f"Error: {self.message}"

class RegisterRemoteMethodException(RPCException):
    def __init__(self):
        super(RegisterRemoteMethodException,self).__init__
```

```
        (f"Could not respond to {REGISTER_REMOTE_METHOD} query")
class GetRemoteMethodException(RPCException):
    def __init__(self):
        super(GetRemoteMethodException, self).__init__(f"Could
        not respond to {GET_REMOTE_METHOD} query")

class CallRemoteMethodException(RPCException):
    def __init__(self):
        super(CallRemoteMethodException, self).__init__(f"Could
        not respond to {CALL_REMOTE_METHOD} query")

class RCPBase:
    def __init__(self, client: MQTTClient, topics: typing.
    List[str], qos=QOS_0):
        self.client = client
        self.running_fut = None
        self.topics = topics
        self.qos = qos

    @abc.abstractmethod
    async def on_get_remote_method(self, uuid_, service_name, function_name):
        raise NotImplementedError("Not implemented on_get_remote_method!")

    @abc.abstractmethod
    async def on_register_remote_method(self, uuid_, service_name,
    function_name, signature):
        raise NotImplementedError("Not implemented on_register_remote_method!")

    @abc.abstractmethod
    async def on_call_remote_method(self, uuid_, service_name,
    function_name, args, kwargs):
        raise NotImplementedError("Not implemented on_call_remote_method!")

    @abc.abstractmethod
    async def on_get_remote_method_response(self, uuid_, service_name,
    function_name, signature_or_exception):
        raise NotImplementedError("Not implemented on_get_remote_method_
        response!")

    @abc.abstractmethod
    async def on_register_remote_method_response(self, uuid_, service_name,
    function_name, is_registered_or_exception):
        raise NotImplementedError("Not implemented on_register_remote_
        method_response!")

    @abc.abstractmethod
    async def on_call_remote_method_response(self, uuid_, service_name,
```

```
    function_name, result_or_exception):
        raise NotImplementedError("Not implemente don_call_ remote_method_
        response!")
    async def next_message(self):
        message = await self.client.deliver_message()
        packet = message.publish_packet
        topic_name, payload = packet.variable_header.topic_ name,
        packet.payload.data
        return topic_name, payload

    async def loop(self):
        while True:
            topic, payload = await self.nex    essage()
            try:
                yield topic, pickle.loads  ayload)
            except (PickleError, Attribu  Error, EOFError,
            ImportError, IndexError):
                logging.exception("Could not deserialize
                payload: % s for topic: % s", payload, topic)

    async def __ aenter __(self):
        self.running_fut = asyncio.ensure_future(self.start())
        await self.client.subscribe([
            (topic, self.qos) for topic in self.topics
        ])
        return self

    async def __ aexit __(self, exc_type, exc_val, exc_tb):
        await self.stop()
        await self.client.unsubscribe(self.topics)

    async def start(self):
        async for topic, payload in self.loop():
            try:
                if topic = = REGISTER_REMOTE_METHOD:
                    await self.on_register_remote_
                    method(* payload)
                elif topic = = GET_REMOTE_METHOD:
                    await self.on_get_remote_method(* payload)
                elif topic = = CALL_REMOTE_METHOD:
                    await self.on_call_remote_method(* payload)
                elif topic = = REGISTER_REMOTE_METHOD_RESPONSE:
                    await self.on_register_remote_method_
                    response(* payload)
                elif topic = = GET_REMOTE_METHOD_RESPONSE:
```

```
                        await self.on_get_remote_method_
                        response(* payload)
                    elif topic = = CALL_REMOTE_METHOD_RESPONSE:
                        await self.on_call_remote_method_
                        response(* payload)
                except TypeError:
                    logging.exception(f"Could not call handler for
                    topic: % s and payload: % s", topic, payload)
                except NotImplementedError:
                    pass

    async def stop(self):
        if self.running_fut:
            self.running_fut.cancel()

    async def wait(self):
        if self.running_fut:
            await asyncio.shield(self.running_fut)

class RemoteMethod:
    def __ init __(self, rpc_client, signature, function_name, qos = QOS_0):
        self.rpc_client = rpc_client
        self.signature = signature
        self.function_name = function_name
        self.qos = qos

    async def __ call __(self, *args, **kwargs, ):
        uuid_ = str(uuid4())
        service_name = self.rpc_client.service_name
        payload = (uuid_, service_name, self.function_name, args, kwargs)
        fut = asyncio.Future()
        self.rpc_client.call_remote_method_requests.
        setdefault(service_name, {}).setdefault(self.function_name, {})[
            uuid_] = fut
        await self.rpc_client.client.publish(CALL_REMOTE_METHOD,
        pickle.dumps(payload), qos = self.qos)
        return await fut

class RPCClient(RCPBase):
    def __ init __(self, client, service_name, topics = None, qos = QOS_0):
        if not topics:
            topics = [CALL_REMOTE_METHOD_RESPONSE, GET_REMOTE_ METHOD_RESPONSE, ]
        super(RPCClient, self).__ init __(client, topics, qos = qos)
        self.call_remote_method_requests = collections. defaultdict(dict)
        self.get_remote_method_requests = collections. defaultdict(dict)
        self.list_remote_methods_requests = collections. defaultdict(dict)
```

```python
        self.responses = collections.defaultdict(dict)
        self.service_name = service_name
        self.remote_methods_cache = collections.defaultdict(dict)

    def __getattr__(self, item):
        return asyncio.ensure_future(self.get_remote_method(item))

    async def get_remote_method(self, function_name):
        while True:
            uuid_ = str(uuid4())
            payload = (uuid_, self.service_name, function_name)
            fut = asyncio.Future()
            self.get_remote_method_requests.setdefault(self.
            service_name, {}).setdefault(function_name, {})[uuid_] = fut
            await self.client.publish(GET_REMOTE_METHOD, pickle.
            dumps(payload), qos=QOS_0)
            #可能会抛出 GetRemoteMethodException
            try:
                signature = await asyncio.shield(fut)
                return RemoteMethod(self, signature, function_name)
            except GetRemoteMethodException:
                await asyncio.sleep(0)

    async def on_call_remote_method_response(self, uuid_, service_name,
    function_name, result_or_exception):
        fut = self.call_remote_method_requests.get(service_name,
        {}).get(function_name, {}).pop(uuid_, None)
        set_future_result(fut, result_or_exception)

    async def on_get_remote_method_response(self, uuid_, service_name,
    function_name, signature_or_exception):
        fut = self.get_remote_method_requests.get(service_name,
        {}).get(function_name, {}).pop(uuid_, None)
        set_future_result(fut, signature_or_exception)

class RPCService(RCPBase):
    def __init__(self, client: MQTTClient, name: str, topics:
    typing.List[str] = None, qos=QOS_0):
        if not topics:
            topics = [REGISTER_REMOTE_METHOD_RESPONSE, CALL_REMOTE_METHOD]
        super(RPCService, self).__init__(client, topics, qos=qos)
        self.name = name
        self.client = client
        self.qos = qos
        self.register_remote_method_requests = collections.defaultdict(dict)
        self.remote_methods = collections.defaultdict(dict)
```

```
async def register_function(self, remote_function):
    function_name = remote_function.__name__
    uuid_ = str(uuid4())
    payload = pickle.dumps((uuid_, self.name, function_name,
    inspect.signature(remote_function)))
    fut = asyncio.Future()
    self.register_remote_method_requests.setdefault(self.name,
    {}).setdefault(function_name, {})[uuid_] = fut
    self.remote_methods[self.name][function_name] = remote_function
    await self.client.publish(REGISTER_REMOTE_METHOD, payload,
    qos = self.qos)
    return await asyncio.shield(fut)

async def on_register_remote_method_response(self, uuid_, service_name,
function_name, is_registered_or_exception):
    fut = self.register_remote_method_requests.get(service_name, {}).
    get(function_name, {}).get(uuid_, None) set_future_result(fut,
    is_registered_or_exception)

async def on_call_remote_method(self, uuid_, service_name, function_name,
args, kwargs):
    remote_method = self.remote_methods.get(service_name, {}).get(function_
    name, None)
    if not remote_method:
    payload = pickle.dumps((uuid_, service_name, function_name,
    CallRemoteMethodException()))
    return await self.client.publish(CALL_REMOTE_METHOD_RESPONSE, payload,
    qos = self.qos)
    try:
        result = await remote_method(*args, **kwargs)
        payload = pickle.dumps((uuid_, service_name, function_name, result))
        return await self.client.publish(CALL_REMOTE_METHOD_RESPONSE,
        payload, qos = self.qos)
    except Exception as err:
        payload = pickle.dumps((uuid_, service_name, function_name, err))
        return await self.client.publish(CALL_REMOTE_METHOD_RESPONSE,
        payload, qos = self.qos)

class RemoteRegistrar(RCPBase):
    def __init__(self, client: MQTTClient, topics: typing.
    List[str] = None, qos = QOS_0):
        if not topics:
            topics = [REGISTER_REMOTE_METHOD, GET_REMOTE_METHOD]
        super(RemoteRegistrar, self).__init__(client, topics, qos = qos)
        self.registrar = collections.defaultdict(dict)
```

```python
    async def on_register_remote_method(self, uuid_, service_name,
function_name, signature):
        try:
            self.registrar.setdefault(service_name, {})[function_name] =
            signature
            payload = pickle.dumps((uuid_, service_name, function_name, True), )
            await self.client.publish(REGISTER_REMOTE_METHOD_RESPONSE, payload)
        except Exception:
            # 虽然这样一个宽泛的异常语句并不是最佳实践,但是因为我们只对保存签名的结果
            感兴趣,所以我们将它转换为日志记录
            logging.exception(f"Failed to save signature: {signature}") payload
            = pickle.dumps((uuid_, service_name, function_name,
            RegisterRemoteMethodException()))
            await self.client.publish(REGISTER_REMOTE_METHOD_RESPONSE, payload,)

    async def on_get_remote_method(self, uuid_, service_name, function_name):
        signature = self.registrar.get(service_name, {}).get(function_
        name, None)

        if signature:
            payload = pickle.dumps((uuid_, service_name, function_name,
            signature), )
            await self.client.publish(GET_REMOTE_METHOD_RESPONSE, payload)
        else:
            payload = pickle.dumps((uuid_, service_name, function_name,
            GetRemoteMethodException()), )
            await self.client.publish(GET_REMOTE_METHOD_RESPONSE, payload)

async def remote_function(i: int, f: float, s: str):
    print("It worked")
    return f

async def register_with_delay(rpc_service, remote_function, delay=3):
    await asyncio.sleep(delay)
    await rpc_service.register_function(remote_function)

async def main(url="mqtt://localhost", service_name="TestService"):
    async with pool(3, url) as (client, client1, client2):
        async with RemoteRegistrar(client):
            async with RPCService(client1, service_name) as rpc_service:
                async with RPCClient(client2, service_name) as rpc_client:
                    asyncio.ensure_future(register_with_delay(rpc_service,
                    remote_function))
                    handler = await asyncio.wait_for(rpc_client.remote_
                    function, timeout=10)
                    res = await handler(1, 3.4, "")
```

```
            print(res)
if __ name __ == '__ main __':
    asyncio.run(main())
```

工作原理

MQTT 使用所谓的 *topic*(主题),你可以向主题发送有效负载并订阅它。

我们使用三个主题及其各自的"响应"主题来简化 RPC 总线。它们的定义如下:

```
GET_REMOTE_METHOD = "get_remote_method"
GET_REMOTE_METHOD_RESPONSE = "get_remote_method/response"

CALL_REMOTE_METHOD = "call_remote_method"
CALL_REMOTE_METHOD_RESPONSE = "call_remote_method/response"

REGISTER_REMOTE_METHOD = "register_remote_method"
REGISTER_REMOTE_METHOD_RESPONSE = "register_remote_method/response"
```

我们使用 MQTT 在服务质量方面最不可靠的操作方法来实现我们的简单消息 ID,这意味着每一个消息最多只发送一次,并且没有确认消息。

为了方便起见,我们为 MQTTClient 定义了异步上下文管理器,用于处理断开连接和创建多个 MQTTClient 实例的线程池。

```
@asynccontextmanager
async def connect(url):
        # 省略
@asynccontextmanager
async def pool(n, url):
        # 省略
```

我们之所以在本例中使用线程池,是因为 MQTTClient 实例不能在前面提到的三个参与方之间共享。为了便于演示,我们将在一个进程中调用整个机制。(理想情况下,我们应该有三个独立的进程,因此应该有三个实例。)

我们定义了一个辅助函数,用它来与 future 对象流畅地交互。如果我们传递给它一个非异常值,那么我们希望它被设置成这样(如以下代码所示);否则,我们会调用 set exception。之所以需要这样做,是因为我们正在监听它们各自的(非异步)事件循环上的 MQTT 消息。当我们发现我们的参与方已订阅主题的消息时,就会检查消息的 ID 和已存储的future对象是否匹配,并使用该辅助函数将参与方从等待 future 对象中唤醒。

我们还定义了两个异常,当对应的主题出现问题时,程序就会抛出它们。

```
def set_future_result(fut, result):
    if not fut:
        pass
    if isinstance(result, Exception):
        fut.set_exception(result)
    else:
        fut.set_result(result)
class RPCException(Exception):
    # 省略

class RegisterRemoteMethodException(RPCException):
    # 省略

class GetRemoteMethodException(RPCException):
    # 省略

class CallRemoteMethodException(RPCException):
    # 省略
```

接下来,我们定义 RCPBase 类,它定义了一个接口,要由希望定义相应主题的回调函数的各方来实现。

如果将它作为异步上下文管理器使用,则可以将其在进入/退出时取消订阅/订阅的主题传递给它。

此外,它将负责启动其消息循环并调用正确的回调函数。

通过等待其 wait 方法,我们可以无限期地阻塞。这对于 RPCRegistrar 和 RPCService 非常有用。

RemoteMethod 类抽象出了一个属于远程服务的方法。需要注意的是,__ call __ 是一个协程!它负责将*args 和**kwargs 参数发布到 CALL_REMOTE_METHOD 主题,使用 pickle 作为序列化机制。

```
class RemoteMethod:
    # 省略
```

RPCClient 以设置为我们感兴趣的 RPCService 实例的名称的服务名称开始。

我们覆盖__ getattr __来调度一个 get_remote_method 调用,它反过来会返回一个可等待的 future 对象。如果注册了远程方法,它就被返回并转换为 RemoteMethod。如果不发生这种情况,它将无限期阻塞,所以我们用一个超时来等待它。

我们使用 RPCService 来注册一个函数。它发布注册器(registrar)在调用其 register_function 协程方法时侦听的相关主题的意图。

通信发生在主题及其对应的 < topicname >/ response 信道上,订阅方在此进行应答。

注册器保存各自函数的序列化签名对象,例如,该对象可用于参数验证。

main 协程非常简单。它显示了我们嵌入的函数的延迟注册,以证明你可以在不同的进程/调用顺序中很好地使用这些组件。

```
async def main(url = "mqtt://localhost", service_
name = "TestService"):
    async with pool(3, url) as (client, client1, client2):
        async with RemoteRegistrar(client):
            async with RPCService(client1, service_name) as rpc_service:
                async with RPCClient(client2, service_name) as rpc_client:
                    asyncio.ensure_future(register_with_delay(rpc_service,
                    remote_function))
                    handler = await asyncio.wait_for(rpc_
                    client.remote_function,timeout =10)
                    res = await handler(1, 3.4, "")
                    print(res)
```

使用 contextvars 编写具有"内存"的回调函数

有时拥有可以跨运行过程共享但在运行过程内部是私有的"协程局部"(coroutine-local)上下文是很好的。这基本上就意味着访问相同键的两个协程应该在它们的上下文变量上有它们的私有版本/视图。

幸运的是,PEP 567 通过 contextvars 模块引入了这样一个概念。

它提供了三个可以在 asyncio 世界中使用的新 API:

- ContextVar

- Context

- Token

解决方案 1

我们构建了一个示例,从不同的协程多次访问存储在同一个键中的值,来证明 ContextVar 实例的确是协程局部的。

```
import contextvars
from contextvars import ContextVar
import asyncio

context = contextvars.copy_context()
context_var = ContextVar('key', default=None)

async def memory(context_var, value):
    old_value = context_var.get()
    context_var.set(value)
    print(old_value, value)

async def main():
    await asyncio.gather(* [memory(context_var, i) for i in range(10)])

asyncio.run(main())
```

工作原理

使用 context = contextvar .copy_context(),我们得到当前 Context 对象的一个拷贝,它是一个"……新的通用机制,确保在无序(out-of-order)执行的上下文中对非局部状态的一致(consistent)访问……"(详情请见:https://www.python.org/dev/peps/pep - 0550/),目标是处理当前的操作系统线程,只是浅(shallow)拷贝。因此,调用者是 Context对象的唯一所有者。

ContextVar 必须定义在函数作用域之外,并通过将自身作为键传递来查找"当前"协程局部上下文对象。

通过多次同时调用内存,我们可以看到对 context_var 的访问确实是协程局部的,因为它总是从默认值开始。

解决方案 2

我们将演示同步回调函数如何使用 ContextVar 实例实现上下文感知(context awareness)。

```
import contextvars
import functools
from contextvars import ContextVar

context = contextvars.copy_context()
context_var = ContextVar('key', default=None)

def resetter(context_var, token, invalid_values):
    value = context_var.get()
    if value in invalid_values:
        context_var.reset(token)

def blacklist(context_var, value, resetter):
    old_value = context_var.get()
    token = context_var.set(value)
    resetter(context_var, token)
    print(old_value)

for i in range(10):
    context.run(blacklist, context_var, i, functools.
    partial(resetter, invalid_values=[5, 6, 7, 8, 9]))
```

工作原理

同步回调函数也可以从上下文感知的存储中受益。通过使用 context.run,我们可以确保不会从多个操作系统线程访问上下文。这是因为当从多个操作系统线程对同一个上下文对象调用 context.run 时,或者当它被递归调用时,它都会引发 RuntimeError。

我们还学习了令牌(Token)API,它可用于将上下文重置为以前设置的值。通过调用 context_var.set 方法返回令牌。要回到令牌之前给出的状态,我们可调用 context_var.reset(token)。

7

asyncio 组件之间的同步

asyncio 虽然让我们能够编写协作并发系统,但是在安全性(safety)和活性(liveness)方面没有提供机制来确保它们的正确性。在这里"安全性"的意思是让系统保持在一个"预定"的状态而不偏离,"活性"的意思是"取得进展",基本上是指达到了程序的预期状态。

一个程序由关键(critical)和非关键(uncritical)执行路径组成。关键路径的特征是访问共享资源。在我们的上下文中同步意味着我们确保对一个协程的共享资源的互斥访问。具有讽刺意味的是,在关键路径中声明对共享资源的独占控制(exclusive control)是一个 Coffman 条件。当我们试图修复同步问题时,需要小心避免陷入死锁(deadlock)。

开发人员有责任确保代码演示了命名属性。我们希望将对 asyncio 并发领域安全性的理解缩小到一个非常实际的领域。

我们的应用程序的(关键)路径允许访问共享数据,允许一个协程独占地访问从协程开始到例程结束的所有共享数据。

为了确保 asyncio 程序的活性,我们需要确保不会构造出导致死锁的代码。死锁可以理解为系统同时满足 4 个 Coffman 条件的一种情况:

• 任务要求独占控制它们需要的资源,即互斥(mutual exclusion)条件。

• 任务持有已经分配给它们的资源,同时等待额外的资源,即等待(wait for)条件。

• 在资源被用于完成之前,不能强制从持有资源的任务中移除资源,即无抢占(no preemption)条件。

● 存在一个循环的任务链,每个任务持有链中的下一个任务正在请求的一个或多个资源,即循环等待(circular wait)条件。

注意:这些是死锁的必要条件,但不是充分条件。但是,删除它们就足以避免死锁,例如,确保程序的活性。

使用锁对共享资源进行互斥访问

问题
你希望对共享资源相关协程提供互斥访问。

解决方案
借助关于异步上下文管理器的知识,我们可以在上下文中使用 asyncio.Lock 来让协程独占访问某些资源:

```
import asyncio

NON_ATOMIC_SUM_KEY = 'non_atomic_sum'
ATOMIC_SUM_KEY = 'atomic_sum'
DATABASE = {ATOMIC_SUM_KEY: 0, NON_ATOMIC_SUM_KEY: 0}

async def add_with_delay(key, value,delay):
    old_value = DATABASE[key]
    await asyncio.sleep(delay)
    DATABASE[key] = old_value + value

async def add_locked_with_delay(lock, key, value, delay):
    async with lock:
        old_value = DATABASE[key]
        await asyncio.sleep(delay)
        DATABASE[key] = old_value + value

async def main():
    # 可以使用 asyncio 锁来保证对共享资源的互斥访问
    lock = asyncio.Lock()
    atomic_workers = [
```

```
        add_locked_with_delay(lock, ATOMIC_SUM_KEY, 1, 3),
        add_locked_with_delay(lock, ATOMIC_SUM_KEY, 1, 2),
    ]
    non_atomic_workers = [
        add_with_delay(NON_ATOMIC_SUM_KEY, 1,3),
        add_with_delay(NON_ATOMIC_SUM_KEY, 1, 2),
    ]

    await asyncio.gather(* non_atomic_workers)
    await asyncio.gather(* atomic_workers)

    assert DATABASE.get(ATOMIC_SUM_KEY) = = 2
    assert DATABASE.get(NON_ATOMIC_SUM_KEY) ! = 2

asyncio.run(main())
```

工作原理

CPython 解释器有一个全局锁,会影响解释器的进程并行性(parallelism)。一次只有一个原生线程可以有效地操作,这意味着执行字节码。自从 asyncio 问世以来,在 Python 中我们有三种方式会遇到同步问题/数据竞争:

- 非协作抢占(暂停)的线程代码;
- 多进程代码;
- 通过在访问共享内存的关键路径中的 await asyncio.sleep(n)将控制权交回给事件循环的 asyncio 代码。

asyncio 从协程(事件循环和 async def 关键字)、多进程(使用子进程)、线程(使用事件循环的执行器 API)中获得接口。

在 asyncio 中,asyncio.Lock 异步上下文管理器是提供对共享资源的互斥访问的正确方法。

注意:通过等待 acquire 和 release 协程方法直接使用锁接口的方式已经被废弃! 线程模块和多进程模块提供各自版本的锁上下文管理器,从而确保线程和进程对共享资源的互斥访问。

---

asyncio 版本的锁只允许一个协程进入其作用域。我们比较了数据竞争和无数据竞争的访问,看看锁是如何发挥作用的,从而实现无数据竞争的访问。

注意:对资源的每次访问都必须在同一个锁下进行以确保数据竞争自由。如果你已经进入异步上下文管理器锁的作用域,那么会在它的__ aenter __钩子中为你调用 acquire 方法。

直到试图调用 acquire 的所有其他方都返回之后,这个调用阻塞才会结束。为了向锁发出再次空闲的信号,锁会在__ aexit __中调用 release 协程方法。这将确保在 dequeue 中的第一个等待者(waiter)得到通知。这样任何时候都只有一个协程在锁的上下文"内部"。

我们在示例中构造了两个协程函数——add_with_ delay 和 add_locked_with_delay。它们通过相同的键访问字典值,用 asyncio.sleep 挂起自己,并将它们已读取到字典的初始值写入,同时添加作为参数传递的值。

在关键路径中这两个函数的行为是有差异的。add_with_delay 不关心同步,而 add_locked_with_delay 则锁住了整个关键路径。这样,只有一个协程在读写的过程中可以同时访问字典。

注意:这里有趣的一点是,锁的存在表明上下文切换是没有用的。我们也可以选择一个更复杂的示例——分割、获取并将值添加到两个协程中,但是我们不打算这么做,因为两个示例都展示了相同的原则。

使用事件处理通知

问题

你希望通知正在等待的任务,它们正在等待的事件已经发生了。

解决方案

asyncio 事件旨在向多个协程发出信号，因此协程方法可被重用并阻塞，直到事件被"设置"为止。下面我们将演示如何使用事件循环构建一个（服务）清理模式。

```python
import asyncio
import logging
import random

logging.basicConfig(level = logging.INFO)

async def busy_loop(interval, work, worker, shutdown_event):
    while not shutdown_event.is_set():
        await worker(work)
        await asyncio.sleep(interval)
    logging.info("Shutdown event was set..")
    return work

async def cleanup(mess, shutdown_event):
    await shutdown_event.wait()
    logging.info("Cleaning up the mess: %s...", mess)
    #在这里添加清理逻辑

async def shutdown(delay, shutdown_event):
    await asyncio.sleep(delay)
    shutdown_event.set()

async def add_mess(mess_pile, ):
    mess = random.randint(1, 10)
    logging.info("Adding the mess: %s...", mess)
    mess_pile.append(mess)

async def main():
    shutdown_event = asyncio.Event()
    shutdown_delay = 10
    work = []
    await asyncio.gather(* [
        shutdown(shutdown_delay, shutdown_event),
        cleanup(work, shutdown_event),
        busy_loop(1, work, add_mess, shutdown_event),
    ])

asyncio.run(main())
```

工作原理

我们在主方法中等待三个协程：

- shutdown(shutdown_delay, shutdown_event);
- cleanup(work, shutdown_event);
- busy_loop(1, work, add_mess, shutdown_event).

shutdown 是一个辅助协程方法,它"设置"我们传递给所有协程的事件实例。换句话说,它通过 event.is_set 通知当前正在等待或检查状态的所有协程:它已经结束了。因为 busy_loop 需要定期执行工作,等待事件信号是没有意义的,所以需要在开始调用 worker 之前通过 event.is_set 轮询它。另一方面,cleanup 协程演示了如何通过等待 event. wait()协程来等待事件被设置。

为控制流使用条件变量

问题

你希望获取对共享资源的互斥访问。

解决方案

在前一章中已经介绍过条件变量,但当时不是作为一个同步机制介绍的。基本上,条件变量最好理解为与事件变量耦合的锁。下面的示例向我们展示了如何构建一个股票监视程序,其中多个条件变量共享一个锁实例:

```python
import asyncio
import random

STOCK_MARKET = {
    "DAX": 100,
    "SPR": 10,
    "AMAZON": 1000,
}
INITIAL_STOCK_MARKET = STOCK_MARKET.copy()

class MarketException(BaseException):
    pass

async def stock_watcher(on_alert, stock, price, cond):
    async with cond:
        print(f"Waiting for {stock} to be under {price} $ ")
```

```
            await cond.wait_for(lambda: STOCK_MARKET.get(stock) < price)
            await on_alert()
    def random_stock():
        while True:
            yield random.choice(list(STOCK_MARKET.keys()))
    async def twitter_quotes(conds, threshold):
        for stock in random_stock():
            STOCK_MARKET[stock] -= random.randint(1, 10)
            new_value = STOCK_MARKET[stock]
            print(f"New stock market value for {stock}: {new_value}")
            if new_value < threshold:
                cond = conds.get(stock)
                async with cond:
                    cond.notify()
            await asyncio.sleep(.1)

    async def governmental_market_surveillance():
        raise MarketException()

    async def main():
        lock = asyncio.Lock()
        conditions = {stock: asyncio.Condition(lock) for stock in STOCK_MARKET}
        threshold = -50
        stock_watchers = [
            stock_watcher(
                governmental_market_surveillance,
                stock,
                threshold,
                conditions.get(stock)
            ) for stock in STOCK_MARKET
        ]

        await asyncio.gather(*[twitter_quotes(conditions, threshold),
        *stock_watchers], return_exceptions=False)
    try:
        asyncio.run(main())
    except MarketException:
        print("Restoring the stock market..")
        STOCK_MARKET = INITIAL_STOCK_MARKET.copy()
```

工作原理

这个解决方案为我们演示如何等待动态计算条件。我们为每只股票创建一个 stock_

watcher实例,并向它传递一个具有相同锁实例的条件变量。

使用相同的锁很重要,否则等待 condition.wait_for 将会无限期阻塞! 条件变量的 acquire、release 和 locked 方法只是锁方法的传递。如果不使用相同的锁,协程会因为不受相同上下文的控制而不同步。

condition.wait_for 以一个可调用(callable)的身份被传递。只要函数返回一个不满足条件的值并等待,condition.wait_for 协程就会阻塞。尽管如此,仍然需要通知条件变量何时使用 cond.notify 检查条件。

为了调用这个方法,我们首先需要在条件变量上使用异步上下文管理器协议来获取锁:

```
async with cond:
    cond.notify()
```

注意:if new_value < threshold:这个检查是多余的,可删除,因为我们使用了 cond.wait_for 而不是 cond.wait。通过 await asyncio.sleep(.1)调用 cond.notify 后必须进行上下文切换,因为它使条件变量有机会检查条件是否为真。

延迟只要大于或等于 0 就不重要。如果等于 0,则正好可以跳过一个循环迭代。

使用信号量来限制并发资源访问

问题
你希望只允许在上下文中操作有限数量的协程。

解决方案
在本例中我们会看到如何使用 asyncio.Semaphores 实现最多 10 个并发 worker:

```
import asyncio

async def run(i, semaphore):
    async with semaphore:
        print(f"{i} working..")
        return await asyncio.sleep(1)
```

```
async def main():
    semaphore = asyncio.Semaphore(10)
    await asyncio.gather(*[run(i, semaphore) for i in range(100)])

asyncio.run(main())
```

工作原理

信号量(semaphores)的操作和锁类似,只允许在其上下文中操作有限数量的协程(它们也是通过异步上下文管理器实现的)。通过这种方式,我们可以很容易地实现如分页或限制并发连接等技术。

我们可以通过像下面这样在 async with 子句中添加一个信号量来很容易地限制并发连接:

```
async with semaphore, connect as connection:
    # 继续……
```

信号量为排队等待的"等待者"服务。它们会不断填充双端队列直到整个队列被充满。如果当前正在执行的协程中有一个已结束并退出了上下文作用域,那么__ aexit __方法会将唤醒下一个等待者(如果有的话)。这样,我们总是最多有 10 个 worker 同时运作。

注意:通过等待 acquire 和 release 协程方法直接使用信号量接口的方式已经被废弃了!

按照更严格的启发式释放方法使用受限的信号量来限制并发资源访问

问题

我们想用一种更严格的启发式释放(release)方法来代替 asyncio.Semapnore。

解决方案

虽然有界信号量(bounded semaphores)与信号量是一样的,但是在它们的 release 方法中有一个额外的完整性检查:

```
def release(self):
    if self._value > = self._bound_value:
        raise ValueError('BoundedSemaphore released too many times')
    super().release()
```

注意:由于社区不建议直接使用 acquire 和 release 方法,因此除非你手动修改值,否则这种情况是不太可能发生的。

我们将看到如何使用 asyncio.BoundedSemaphores 实现最多拥有 10 个并发 worker,代码示例如下:

```
import asyncio

async def run(i, semaphore):
    async with semaphore:

        print(f"{i} working..")
        return await asyncio.sleep(1)

async def main():
    semaphore = asyncio.BoundedSemaphore(10)
    await asyncio.gather(*[run(i, semaphore) for i in range(100)])

asyncio.run(main(),debug = True)
```

工作原理

我们演示了根据我们的需求将 asyncio.BoundedSemaphore 作为 asyncio.Semaphore 的简易替换,因为 asyncio.BoundedSemaphore 其实继承自 asyncio.Semaphore,并简单地向 release 方法添加了一个完整性检查。

检测可能存在竞争条件的 asyncio 代码

问题

鉴于前面介绍的竞争条件以及 asyncio 应用程序中可能的竞争条件向量,我们希望了解数据竞争在应用程序中的确切位置。

解决方案 1

这个解决方案提供了一个可复制的数据竞争案例——很像我们在本章中已经见过的案例——我们可以精确地标注数据竞争发生的位置。

```python
import asyncio
import typing

async def delayed_add(delay, d: typing.Dict, key: typing. Hashable, value: float):
    last = d[key]
    # 这就是关键路径开始的地方,d是共享资源,获得读取权限
    await asyncio.sleep(delay)
    d[key] = last + value
    # 这就是关键路径结束的地方,d是共享资源,获得写入权限

async def main():
    d = {"value": 0}
    await asyncio.gather(delayed_add(2, d, "value", 1.0),
    delayed_add(1.0, d, "value", 1.0))
    print(d)
    assert d["value"] ! = 2

asyncio.run(main())
```

工作原理

这个案例属于由上下文切换(`asyncio.sleep`)引起的协程数据竞争。我们前面已经提到,使用 delayed_add 的例子是为教学目的设计的,并不是一个现实的例子。它不现实的原因在应用程序的关键路径中是显而易见的。由于这里不涉及协程的链接,因此我们可以很容易地看到对共享资源的访问发生在哪里。

`asyncio.sleep` 的使用是可能的 asyncio 竞争条件的显著指标。

使用 asyncio.sleep 会破坏(协程)函数被完全执行的不变量。

这就是说其他协程可以更改第一个协程访问的资源。

换句话说,asyncio.sleep 具有非独占地访问共享资源的潜力,恰好与第一个 Coffman 条件相对应。

因此,必须使用 asyncio.sleep 检查所有具有上下文切换的协程函数/方法,并遵循所有

对 asyncio.ensure_future、asyncio.create_task、loop.create_task 的调用,以及使用 await 关键字与共享资源进行交互。

解决方案 2

下一个示例演示了一个数据竞争案例,涉及事件循环的执行器 API 和 ThreadPoolExecutor。

```python
import asyncio
import threading
import time
from concurrent.futures.thread import ThreadPoolExecutor

def add_from_thread(delay, d, key, value):
    print(f"Thread {threading.get_ident()} started...")
    old = d[key]
    print(f"Thread {threading.get_ident()} read value {old}")
    time.sleep(delay)
    print(f"Thread {threading.get_ident()} slept for {delay} seconds")
    d[key] = old + value
    print(f"Thread {threading.get_ident()} wrote {d[key]}")

async def main():
    loop = asyncio.get_running_loop()
    d = {"value": 0}
    executor = ThreadPoolExecutor(10)
    futs = [loop.run_in_executor(executor, add_from_thread, 1, d, "value", 1),
            loop.run_in_executor(executor, add_from_thread, 3, d, "value", 1)]
    await asyncio.gather(* futs)

    assert d["value"] != 2

asyncio.run(main())
```

工作原理

这个案例属于由执行器 API 引起的线程数据竞争。线程由非协作抢占(non-cooperative preemption)控制。这意味着调度器(在原生线程的情况下是操作系统)决定何时挂起线程。

此外,如果我们在线程中调用 time.sleep,可能会发生抢占。一个查看是否有两个代理同时访问相同共享资源(字典“d”)的简单方法是以打印当前线程 ID 和当前执行的操作来添加 print 语句。

注意：print 操作的开销可能会影响我们的观察结果，因为它部署了全局锁。

在这种情况下，我们可以清楚地看到线程以一种介入式（intervened）、易于发生竞争的（race-prone）方式访问共享资源：

```
Thread 123145539575808 started...
Thread 123145539575808 read value 0
Thread 123145544830976 started...
Thread 123145544830976 read value 0
Thread 123145539575808 slept for 1
Thread 123145539575808 wrote 1
Thread 123145544830976 slept for 3
Thread 123145544830976 wrote 1
```

在一个线程能够成功地将值读写入字典之前，两个线程就开始读取这个值。因此，在这两个地方都使用初始值 0 来写入字典，而不是 1（在连续成功地读取后是写入）。

在一个完全连续操作的例子中，我们假设的计算结果是 2，而在本例中是 1。

8

改进 asyncio 应用程序

为了能够确定我们是否改进了 asyncio 代码的质量,我们首先必须认识到代码的哪些部分需要被改进。我们将在本章应用的一个通用的、非功能性的代码质量度量指标是代码的内存和时间消耗。此外,本章使用的另一个措施是避免使用已经被废弃的 API。

为了实现这些目标,本章的各节将介绍如何构建和使用性能分析工具来度量分配的内存和协程的持续时间。另外,我们还会介绍哪些 asyncio 模式已经被弃用,并且构建一个使用 ast 模块自动识别它们的工具。在最后一个示例中,我们将介绍一个被称为繁忙事件循环(busy loop)的反模式以及如何使用 future 对象来避免它。

对 asyncio 应用程序进行性能分析

问题
你想知道应用程序在协程调用过程中消耗的内存和时间。

解决方案
在这里性能分析(profiling)是度量程序执行效果的非功能参数。为了实现性能分析,Python 标准库包含了在 PEP 454 中概述的 tracemalloc 模块。tracemalloc 模块是在 CPython 解释器中引入的,因为需要一个专门用于 Python 的内存监控 API。CPython 中的内存管理由两个 API 处理——PyMem_Malloc 和 pymalloc。这两个分配器(allocator)并不能很好地与通用内存调试器如 Valgrind 配合使用，Valgrind 可以为你提供内存分配的 C 回溯信息（traceback），这样可能导致回溯信息在 CPython 的 C API（如 PyMem_Malloc 和 py-malloc）中就结束了。因此，我们使用 tracemalloc 模块和一个带有装饰器的 Profiler 类来打印协程的内存使用情况。

```python
import asyncio
import logging
import tracemalloc
from functools import wraps

logging.basicConfig(level = logging.DEBUG)

class Profiler:
    def __init__(self):
        self.stats = {}
        self.logger = logging.getLogger(__name__)

    def profile_memory_usage(self, f):
        @wraps(f)
        async def wrapper(*args, **kwargs):
            snapshot = tracemalloc.take_snapshot()
            res = await f(*args, **kwargs)
            self.stats[f.__name__] = tracemalloc.take_snapshot().compare_to
            (snapshot, "lineno")
            return res

        return wrapper

    def print(self):
        for name, stats in self.stats.items():
            for entry in stats:
                self.logger.debug(entry)

    def __enter__(self):
        tracemalloc.start()
        return self

    def __exit__(self, exc_type, exc_val, exc_tb):
        tracemalloc.stop()
        self.print()

profiler = Profiler()

@profiler.profile_memory_usage
async def main():
    pass
```

```
with profiler:
    asyncio.run(main())
```

工作原理

Profiler 类用作与协程函数相关的内存统计信息的容器。为此,它在其__ init __方法中定义了一个 stats 属性。

```
class Profiler:
    def __ init __(self):
        self.stats = {}
        self.logger = logging.getLogger(__ name __)
```

然后,我们想定义一个装饰器,用它来标记我们感兴趣的协程:

```
def profile_memory_usage(self, f):
    @wraps(f)
    async def wrapper(*args, **kwargs):
        snapshot = tracemalloc.take_snapshot()
        res = await f(*args, **kwargs)
        self.stats[f.__ name __] = tracemalloc.take_snapshot().
        compare_to(snapshot, 'lineno')
        return res

    return wrapper
```

我们调用 tracemallock .take_snapshot()来保存当前的内存分配数据,然后等待封装好的协程。

之后,我们从第一个快照(snapshot)开始计算增量(变化值),并为被调用的协程保存结果。

```
self.stats[f.__ name __] = tracemalloc.take_snapshot().compare_
to(snapshot, 'lineno')
```

注意:除了最后一次调用被装饰过的协程函数的内存信息以外,我们丢失了其他任何信息!

我们定义了一个简便的 print 方法来输出保存的 StatisticDiff:

```
def print(self):
    for name, stats in self.stats.items():
```

```
        for entry in stats:
            self.logger.debug(entry)
```

我们创建了一个 Profiler（性能分析器）——一个（同步）上下文管理器——在调用 tracemalloc.start、tracemalloc.stop 时封装对 asyncio.run 的调用。此外，我们在退出上下文管理器作用域之后打印具体函数的内存信息：

```
    def __enter__(self):
        tracemalloc.start()
        return self

    def __exit__(self, exc_type, exc_val, exc_tb):
        tracemalloc.stop()
        self.print()
```

定义 Profiler 类之后，我们将它实例化来装饰协程函数并封装 asyncio.run 调用：

```
    profiler = Profiler()

    @profiler.profile_memory_usage
    async def main():
        pass

    with profiler:
        asyncio.run(main())
```

创建一个简单性能分析库

问题

在前面的案例中，我们演示了一个 Profiler 类及其方法修饰符如何用于为协程的内存分配提供上下文，但是这个解决方案由于其简单性而有很多缺陷。这些缺陷包括：

- 没有分离关注点，将"视图"层（打印输出到 stdout）和业务逻辑混在一起；
- 只考虑了协程函数；
- 只保存最后一个协程函数调用的内存增量；
- 将生成的 StatisticDiff 类型硬编码到 lineno；
- 没有提供分析协程执行时间的功能。

解决方案

在这个示例中,我们将 Profiler 类改造成一个小型的内存和时间性能分析库,并尝试解决由于性能分析库的简单性而导致的一些缺陷。

```
import asyncio
import contextlib
import inspect
import json
import logging
import pickle
import sys
import tracemalloc
from collections import defaultdict, namedtuple
from contextlib import asynccontextmanager
from functools import wraps
from inspect import iscoroutinefunction
from time import time
from tracemalloc import Filter, take_snapshot, start as tracemalloc_start,
    stop as tracemalloc_stop,

logging.basicConfig(level = logging.DEBUG, stream = sys.stdout)

Timing = namedtuple("Timing", ["start", "end", "delta"])

class Profiler:
    def __init__(self, key_type = "lineno", cumulative = False, debug = False,
    excluded_files = None):
        self.time_stats = defaultdict(list)
        self.memory_stats = defaultdict(dict)
        self.key_type = key_type
        self.cumulative = cumulative
        self.logger = logging.getLogger(__name__)
        self.debug = debug
        if not excluded_files:
            excluded_files = [tracemalloc.__file__,
            inspect.__file__, contextlib.__file__,]
        self.excluded_files = excluded_files
        self.profile_memory_cache = False

    def time(self):
        try:
            return asyncio.get_running_loop().time()
        except RuntimeError:
            return time()
```

```
    def get_filter(self, include = False):
        return (Filter(include, filter_) for filter_ in self.excluded_files)

def profile_memory(self, f):
    self.profile_memory_cache = True
    if iscoroutinefunction(f):
        @wraps(f)
        async def wrapper(* args, * * kwargs):
            snapshot = take_snapshot().filter_traces(self.get_filter())
            result = await f(* args, * * kwargs)
            current_time = time()
            memory_delta = take_snapshot().filter_traces(self.get_
            filter()).compare_to(snapshot, self.key_type, self.cumulative)
            self.memory_stats[f.__ name __][current_time] = memory_delta
            return result
    else:
        @wraps(f)
        def wrapper(* args, * * kwargs):
            snapshot = take_snapshot().filter_traces(self.get_filter())
            result = f(* args, * * kwargs)
            current_time = time()
            memory_delta = take_snapshot().filter_traces(self.get_
            filter()).compare_to(snapshot, self.key_type, self.cumulative)
            self.memory_stats[f.__ name __][current_time] = memory_delta
            return result
    return wrapper

def profile_time(self, f):

    if iscoroutinefunction(f):
        @wraps(f)
        async def wrapper(* args, * * kwargs):
            start = self.time()
            result = await f(* args, * * kwargs)
            end = self.time()
            delta = end - start
            self.time_stats[f.__ name __].append(Timing(start, end, delta))
            return result
    else:
        @wraps(f)
        def wrapper(* args, * * kwargs):
            start = self.time()
            result = f(* args, * * kwargs)
            end = self.time()
            delta = end - start
```

```
                self.time_stats[f.__name__].append(Timing(start, end, delta))
                return result
            return wrapper

    def __enter__(self):
        if self.profile_memory_cache:
            self.logger.debug("Starting tracemalloc..")
            tracemalloc_start()

        return self

    def __exit__(self, exc_type, exc_val, exc_tb):
        if self.profile_memory_cache:
            self.logger.debug("Stopping tracemalloc..")
            tracemalloc_stop()
        if self.debug:
            self.print_memory_stats()
            self.print_time_stats()

    def print_memory_stats(self):
        for name, stats in self.memory_stats.items():
            for timestamp, entry in list(stats.items()):
                self.logger.debug("Memory measurements for call of %s at %s",
                name, timestamp)

                for stats_diff in entry:
                    self.logger.debug("% s", stats_diff)

    def print_time_stats(self):
        for function_name, timings in self.time_stats.items():
            for timing in timings:
                self.logger.debug("function %s was called at %s ms and took: %s
                ms",
                                    function_name,
                                    timing.start,
                                    timing.delta,)

async def read_message(reader, timeout=3):
    data = []
    while True:
        try:
            chunk = await asyncio.wait_for(reader.read(1024), timeout=timeout)
            data += [chunk]
        except asyncio.TimeoutError:
            return b"".join(data)

class ProfilerServer:
    def __init__(self, profiler, host, port):
```

```
                    self.profiler = profiler
                    self.host = host
                    self.port = port

                async def on_connection(self,
                                        reader: asyncio.StreamReader,
                                        writer: asyncio.StreamWriter):
                    message = await read_message(reader)
                    logging.debug("Message % s:", message)

                    try:
                        event = json.loads(message, encoding = "UTF - 8")
                        command = event["command"]
                        if command not in ["memory_stats", "time_stats"]:
                            raise ValueError(f"{command} is illegal!")

                        handler = getattr(self.profiler, command, None)
                        if not handler:
                            raise ValueError(f"{message} is malformed")
                        reply_message = handler

                        writer.write(pickle.dumps(reply_message))
                        await writer.drain()
                    except (UnicodeDecodeError, json.JSONDecodeError, TypeError,) as err:
                        self.profiler.logger.error("Error occurred while transmission:
                        %s", err)
                        writer.write(pickle.dumps(err))
                        await writer.drain()
                    finally:
                        writer.close()

            class ProfilerClient:
                def __ init __(self, host, port):
                    self.host = host
                    self.port = port

                async def send(self, ** kwargs):
                    message = json.dumps(kwargs)
                    reader, writer = await asyncio.open_connection(self.host, self.port)
                    writer.write(message.encode())
                    message = await reader.read()
                    writer.close()
                    try:
                        return pickle.loads(message)
                    except pickle.PickleError:
                        return None
```

```
async def get_memory_stats(self):
    return await self.send(command = "memory_stats")

async def get_time_stats(self):
    return self.send(command = "time_stats")

@asynccontextmanager
async def start_profiler_server(profiler, host, port):
    profiler_server = ProfilerServer(profiler, host, port)
    try:
        server = await asyncio.start_server(profiler_server.on_connection,
        host, port)
        async with server:
            yield
            await server.serve_forever()
    finally:
        pass

profiler = Profiler(debug = True)

@profiler.profile_time
@profiler.profile_memory
async def to_be_profiled():
    await asyncio.sleep(3)
    list(i for i in range(10000))

async def main(profiler):
    host, port = "127.0.0.1", 1234
    client = ProfilerClient(host, port)
    async with start_profiler_server(profiler, host, port):
        await to_be_profiled()
        memory_stats = await client.get_memory_stats()
        logging.debug(memory_stats)

try:
    logging.debug("Press CTRL + C to close...")
    with profiler:
        asyncio.run(main(profiler))
except KeyboardInterrupt:
    logging.debug("Closed..")
```

工作原理

这个版本的性能分析库的设计提供了一个性能分析接口，可以让协程和非协程函数共同使用。它也为内存和时间复杂度提供一个性能分析接口。此外，它必须通过一个简单的 TCP

端点公开当前状态,可以通过一个 JSON 请求查询该端点,并使用 pickle 模块序列化的当前状态进行响应。

注意:如果请求失败,不会出现重传(retransmission)。此外,为了避免 3 秒(默认值)后阻塞请求超时,可以调整 timeout 参数。

为了保存时间测量值,我们生成了一个轻量级的时间 体(命令数组):

```
Timing = namedtuple("Timing", ["start", ' d", "delta"])
```

然后,我们创建一个与上一个示例相似的 Profi r 类。这次不同的是,整个性能分析过程都是可自定义的:

```
class Profiler:
    def __init__(self, key_type = "lineno", cumulative = False, debug = False,
    excluded_files = None):
        self.time_stats = defaultdict(list)
        self.memory_stats = defaultdict(dict)
        self.key_type = key_type
        self.cumulative = cumulative
        self.logger = logging.getLogger(__name__)
        self.debug = debug
        if not excluded_files:
            excluded_files = [tracemalloc.__file__,
            inspect.__file__, contextlib.__file__]
        self.excluded_files = excluded_files
        self.profile_memory_cache = False
```

前两个参数 key_type 和 cumulative 被直接传递给 tracemalloc.Snapshot 实例的 compare_to 方法。debug 标记会在上下文管理器中打印测量值。excluded_files 用于通过 tracemalloc.Filter API 从内存快照中排除某些文件。profile_memory_cache 属性用于避免不必要地调用 tracemalloc.start,只有在至少使用了一个内存配置文件装饰器时才调用。之后,我们定义了两个辅助函数:

```
def time(self):
    try:
        return asyncio.get_running_loop().time()
```

```
        except RuntimeError:
            return time()
    def get_filter(self, include = False):
            return (Filter(include, filter_) for filter_ in self.
            excluded_files)
```

因为我们的性能分析器既可用于协程函数也可用于非协程函数,所以我们需要提供一个抽象的方法来获取当前的时间戳,也就是我们的 time(时间)方法。get_filter 在内存性能分析器中生成了一个可迭代的 tracemalloc.Filter 实例传递给 tracemalloc.Snapshot 实例。下面的方法是性能分析器的核心:

```
def profile_memory(self, f):
    self.profile_memory_cache = True
    if iscoroutinefunction(f):
        @wraps(f)
        async def wrapper(*args, **kwargs):
            snapshot = take_snapshot().filter_traces(self.get_filter())
            result = await f(*args, **kwargs)
            current_time = time()
            memory_delta = take_snapshot().filter_traces (self.get_filter()).
            compare_to(snapshot, self.key_type, self.cumulative)
            self.memory_stats[f.__name__][current_time] = memory_delta
            return result
    else:
        @wraps(f)
        def wrapper(*args, **kwargs):
            snapshot = take_snapshot().filter_traces(self.get_filter())
            result = f(* args, * * kwargs)
            current_time = time()
            memory_delta = take_snapshot().filter_traces (self.get_filter()).
            compare_to(snapshot, self.key_type, self.cumulative)
            self.memory_stats[f.__name__][current_time] = memory_delta
            return result
    return wrapper

def profile_time(self, f):

    if iscoroutinefunction(f):
        @wraps(f)
        async def wrapper(*args, **kwargs):
            start = self.time()
            result = await f(* args, * * kwargs)
            end = self.time()
```

```
            delta = end - start
            self.time_stats[f.__name__].
            append(Timing(start, end, delta))
            return result
    else:
        @wraps(f)
        def wrapper(*args, **kwargs):
            start = self.time()
            result = f(*args, **kwargs)
            end = self.time()
            delta = end - start
            self.time_stats[f.__name__].
            append(Timing(start, end, delta))
            return result
    return wrapper
```

profile_memory 和 profile_time 是我们可以附加到协程和函数的内存和时间配置文件装饰器。它们将附加指定(协程)函数和时间戳(通过 Profiler.time 方法查询)的最新内存 StatisticDiff,或者保存为每个(协程)函数的 Timing 对象的调用执行持续时间。

profile_memory 还会过滤内存快照中的 excluded_files(正如你所见,我们默认使用了一些内置模块的 __file__ 属性来排除它们)。

如前所述,我们通过调用 tracemalloc.start(tracemalloc_start 是一个别名)来改进 profiler 上下文管理器,让它只在必要时启动,另外它还会根据 debug 标记有条件地打印内存和时间统计信息:

```
def __enter__(self):
    if self.profile_memory_cache:
        self.logger.debug("Starting tracemalloc..")
        tracemalloc_start()

    return self

def __exit__(self, exc_type, exc_val, exc_tb):
    if self.profile_memory_cache:
        self.logger.debug("Stopping tracemalloc..")
        tracemalloc_stop()
    if self.debug:
        self.print_memory_stats()
        self.print_time_stats()
```

ProfilerServer 和 ProfilerClient 是我们的传输层的基础。这两个部分都使用 read
_message 辅助协程函数来查询带有超时的读取器。

```
async def read_message(reader, timeout=3):
    data = []
    while True:
        try:
            chunk = await asyncio.wait_for(reader.read(1024), timeout=timeout)
            data += [chunk]
        except asyncio.TimeoutError:
            return b"".join(data)
```

ProfilerServer 使用底层性能分析器的 ProfilerServer 类的序列化版本进行响应：

```
def __init__(self, profiler, host, port):
    self.profiler = profiler
    self.host = host
    self.port = port
```

如果用 JSON 有效负载中封送的正确属性名称查询 memory_stats 和 time_stats 属性，
则如下所示：

```
{
    "command": "memory_stats" | "time_stats"
}
```

通过 on_connection 协程方法完成这个处理：

```
async def on_connection(self,
                        reader: asyncio.StreamReader,
                        writer: asyncio.StreamWriter):
    message = await read_message(reader)
    logging.debug("Message %s:", message)

    try:
        event = json.loads(message, encoding="UTF-8")
        command = event["command"]
        if command not in ["memory_stats", "time_stats"]:
            raise ValueError(f"{command} is illegal!")

        handler = getattr(self.profiler, command, None)
        if not handler:
            raise ValueError(f"{message} is malformed")
```

```
            reply_message = handler

            writer.write(pickle.dumps(reply_message))
            await writer.drain()
        except (UnicodeDecodeError, json.JSONDecodeError, TypeError,)as err:
            self.profiler.logger.error("Error occurred while transmission:
            %s", err)
            writer.write(pickle.dumps(err))
            await writer.drain()
        finally:
            writer.close()
```

Profiler 客户端按照协议运行,如果它能够反序列化(unpickle)消息,则会返回一个有效值:

```
class ProfilerClient:
    def __init__(self, host, port):
        self.host = host
        self.port = port

    async def send(self, **kwargs):
        message = json.dumps(kwargs)
        reader, writer = await asyncio.open_connection(self. host,
        self.port)
        writer.write(message.encode())
        message = await reader.read()
        writer.close()
        try:
            return pickle.loads(message)
        except pickle.PickleError:
            return None

    async def get_memory_stats(self):
        return await self.send(command = "memory_stats")
    async def get_time_stats(self):
        return await self.send(command = "time_stats")
```

我们定义了一个 start_profiler_server 异步上下文管理器来封装 asyncio.start_server 并监控 server.serve_forever()的调用。我们需要从外部传递性能分析器,因为它装饰函数和方法。还需要注意的是,async with 只能在一个协程函数体的上下文中使用:

```
@asynccontextmanager
async def start_profiler_server(profiler, host, port):
    profiler_server = ProfilerServer(profiler, host, port)
    try:
        server = await asyncio.start_server(profiler_server.
        on_connection, host, port)
        async with server:
            yield
            await server.serve_forever()
    finally:
        pass
```

之后，我们为时间与内存消耗较多的协程函数 to_be_profiled 加上装饰器：

```
profiler = Profiler(debug = True)

@profiler.profile_time
@profiler.profile_memory
async def to_be_profiled():
    await asyncio.sleep(3)
    list(i for i in range(10000))
```

用一个 ProfilerClient 实例查询 ProfilerServer 实例：

```
sync def main(profiler):
    host, port = "127.0.0.1", 1234
    client = ProfilerClient(host, port)
    async with start_profiler_server(profiler, host, port):
        await to_be_profiled()
        memory_stats = await client.get_memory_stats()
        logging.debug(memory_stats)
```

最后，不要忘了用性能分析器上下文管理器封装 asyncio.run：

```
try:
    logging.debug("Press CTRL + C to close...")
    with profiler:
        asyncio.run(main(profiler))
except KeyboardInterrupt:
    logging.debug("Closed..")
```

跟踪一个长时间运行的协程

问题

你需要跟踪一个运行时间很久的协程。

解决方案

我们将编写一个装饰器工厂来跟踪协程的运行时间,并在它超过某个阈值时调用之前传递的处理函数。使用 sys.set_coroutine_origin_tracking_depth API,我们可以从最近一次调用协程的地方跟踪协程的起源(origin),也就是创建协程的地方。

```
import asyncio
import logging
import sys
from functools import wraps

THRESHOLD = 0.5
sys.set_coroutine_origin_tracking_depth(10)

def time_it_factory(handler):
    def time_it(f):
        @wraps(f)
        async def wrapper(*args, **kwargs):
            loop = asyncio.get_running_loop()
            start = loop.time()
            coro = f(*args, **kwargs)
            result = await coro
            delta = loop.time() - start
            handler(coro, delta)
            return result

        return wrapper
    return time_it

@time_it_factory
def log_time(coro,time_delta):
    if time_delta > THRESHOLD:
        logging.warning("The coroutine % s took more than% s ms", coro,
        time_delta)
        for frame in coro.cr_origin:
            logging.warning("file:% s line:% s function:% s", * frame)
        else:
```

```
                logging.warning("Coroutine has no origin !")

@log_time
async def main():
    await asyncio.sleep(1)

asyncio.run(main())
```

工作原理

我们定义一个 0.5 s 的阈值并通过调用 sys.set_coroutine_origin_tracking_depth (10) 确保一个协程堆栈至少有 10 个帧被存储在协程的 cr_origin 属性中：

```
THRESHOLD = 0.5
sys.set_coroutine_origin_tracking_depth(10)
```

注意：sys.set_coroutine_origin_tracking_depth API 替代了 set_coroutine_wrapper() API，后者已被弃用，并将在 Python 3.8 版本中被删除。详情请参阅 bpo-32591 或下一节。

接下来介绍我们的装饰器工厂：

```
def time_it_factory(handler):
    def time_it(f):
        @wraps(f)
        async def wrapper(*args, **kwargs):
            loop = asyncio.get_running_loop()
            start = loop.time()
            coro = f(*args, **kwargs)
            result = await coro
            delta = loop.time() - start
            handler(coro, delta)
            return result

        return wrapper

    return time_it
```

如果你仔细观察，就会发现 time_it 装饰器就像性能分析器的 profile_time 方法。不过它只是一个更轻量级的版本，因为它只用于协程并以 coro 和 time_delta 作为参数调用处理函数：

```
handler(coro,delta)
```

你可以用协程装饰器来装饰一个你打算使用的函数,如下所示：

```
@time_it_factory
def log_time(coro,time_delta):
    if time_delta > THRESHOLD:
        logging.warning("The coroutine %s took more than %s ms", coro,
        time_delta)

        for frame in coro.cr_origin:
            logging.warning("file:% s line:% s function:% s",* frame)
        else:
            logging.warning("Coroutine has no origin !")
```

现在 `log_time` 装饰器将被注入当前使用的协程及其运行所需的时间。如你所见,我们使用协程的 `cr_origin` 属性来打印调用链(call chain)。

例如,如果你怀疑协程的调用者是瓶颈的来源,那么你可以在这些调用者上使用装饰器。或者你可以编写更复杂的装饰器,通过自动使用 `decorator_factory` 来实现。

重构"老派"asyncio 代码

问题

你需要找到 asyncio 的一些已弃用 API 和反模式的替代品。

解决方案 1

在这个解决方案中,我们将在新代码旁展示已弃用的 asyncio 代码的示例。

```
import asyncio
import sys

async def coro():
    print("This works!")

async def ensure_future_deprecated():
    # Python 3.6 及以下版本
```

```
    task = asyncio.ensure_future(coro())
    # Python 3.7 及以上版本
    task_2 = asyncio.create_task(coro())
async def main():
    pass

#Python 3.6 及以下版本
asyncio.get_event_loop().run_until_complete(main())

#Python 3.7 及以上版本
asyncio.run(main())

async def wait_deprecated():
    #直接传递协程对象到 wait()已经被废弃:

    coros = [asyncio.sleep(10), asyncio.sleep(10)]
    done, pending = await asyncio.wait(coros)

    # 使用 asyncio.create_task

    futures = [asyncio.create_task(coro) for coro in (asyncio.sleep(10),
    asyncio.sleep(10))]
    done, pending = await asyncio.wait(futures)

async def tasks_deprecated(loop):
    #使用 Task 类方法已经被废弃:
    task = asyncio.Task.current_task(loop)
    tasks = asyncio.Task.all_tasks(loop)

    #使用 asyncio 模块级函数代替:
    task = asyncio.current_task(loop)
    tasks = asyncio.all_tasks(loop)

async def coroutine_deprecated():
    @asyncio.coroutine
    def gen_coro():
        yield from asyncio.sleep(1)

    async def native_coroutine():
        await asyncio.sleep(1)

async def passing_loop_deprecated():
    loop = asyncio.get_running_loop()
    #已被废弃
    await asyncio.sleep(10, loop = loop)
    await asyncio.wait_for(asyncio.create_task(asyncio.sleep(10)), 11,
    loop = loop)
    futures = {asyncio.create_task(asyncio.sleep(10, loop = loop))}
```

```
        done, pending = await asyncio.wait(futures, loop = loop)

    await asyncio.sleep(10)
    await asyncio.wait_for(asyncio.create_task(asyncio. sleep(10)), 11,
    loop = loop)
    futures = {asyncio.create_task(asyncio.sleep(10))} done, pending =
    await asyncio.wait(futures)

async def coroutine_wrapper_deprecated():
    # set_coroutine_wrapper()和 sys.get_coroutine_wrapper() 将从 Python 3.8 中删除
    sys.set_coroutine_wrapper(sys.get_coroutine_wrapper())
    #然后用下面的代码代替
    sys.set_coroutine_origin_tracking_depth(sys.get_coroutine_ origin_tracking
    _depth())
    #当然可以传递敏感值!
```

工作原理

虽然 asyncio.ensure_future 也被认为应被废弃,但是为了保持与旧版本的向后兼容性,它不会很快被删除。现在可以用 asyncio.create_task:

```
async def coro():
    print("This works!")

async def ensure_future_deprecated():
    # Python 3.6 及以下版本
    task = asyncio.ensure_future(coro())

    # Python 3.7 及以上版本
    task_2 = asyncio.create_task(coro())
```

为了向具有简单的"在一个进程和线程中只用一个循环"(one-loop-in-a-process-and-thread)设置的用户隐藏复杂性,我们可以使用 asyncio.run 而不是处理 asyncio.get_event_loop 的某些令人困惑的细节,如下所示:

```
async def main():
    pass

#Python 3.6 及以下版本
asyncio.get_event_loop().run_until_complete(main())

#Python 3.7 及以上版本
asyncio.run(main())
```

虽然支持直接将协程传递给 asyncio.wait,但是可能会产生令人惊讶的结果,因为这种方式会调度协程并将它们封装到底层的任务中。因此,检查返回的"已完成和正在挂起"集合中的协程将失败。使用 asyncio.wait 的推荐方式是在传递协程之前先将协程调度为任务对象:

```
async def wait_deprecated():
    #直接传递协程对象到 wait()已经被废弃:

    coros = [asyncio.sleep(10), asyncio.sleep(10)]
    done, pending = await asyncio.wait(coros)

    #使用 asyncio.create_task

    futures = [asyncio.create_task(coro) for coro in (asyncio. sleep(10),
    asyncio.sleep(10))]
    done, pending = await asyncio.wait(futures)
```

asyncio.Task 类方法 current_task 和 all_tasks 也被认为应该被废弃。我们使用 asyncio.current_task 和 asyncio. all_tasks 代替:

```
async def tasks_deprecated(loop):
    #使用 Task 类方法已经被废弃:
    task = asyncio.Task.current_task(loop)
    tasks = asyncio.Task.all_tasks(loop)

    #使用 asyncio 模块级函数代替:
    task = asyncio.current_task(loop)
    tasks = asyncio.all_tasks(loop)
```

当然,滥用生成器协程也被认为应该被废弃,而且是一个设计错误。使用原生协程代替(不允许在函数体中使用 yield from):

```
async def coroutine_deprecated():
    @asyncio.coroutine
    def gen_coro():
        yield from asyncio.sleep(1)

    async def native_coroutine():
        await asyncio.sleep(1)
```

在一些 API 中,传递循环参数是可选的,如下所示:

- asyncio.sleep

- asyncio.wait_for

- asyncio.wait

这些已经在 Python 3.7 中被废弃：

```
async def passing_loop_deprecated():
    loop = asyncio.get_running_loop()
    #这已被废弃
    await asyncio.sleep(10, loop=loop)
    await asyncio.wait_for(asyncio.create_task(asyncio. sleep(10)), 11,
    loop=loop)
    futures = {asyncio.create_task(asyncio.sleep(10, loop=loop))}
    done, pending = await asyncio.wait(futures, loop=loop)

    await asyncio.sleep(10)
    await asyncio.wait_for(asyncio.create_task(asyncio. sleep(10)), 11,
    loop=loop)
    futures = {asyncio.create_task(asyncio.sleep(10))} done, pending =
    await asyncio.wait(futures)
```

此外，正如上一节所提到的，在 sys 模块中使用协程封装器 API 也已经被废弃了。它被认为过于强大，通常会增加过多的开销，因为它能够改变所有原生协程的行为。

由于最初的想法是希望提供一种方法来跟踪协程的起源，因此 sys.*_coroutine_origin_tracking_depth API 和 cr_origin 原生协程属性被添加进来：

```
async def coroutine_wrapper_deprecated():
    # set_coroutine_wrapper()和 sys.get_coroutine_wrapper() 将从 Python 3.8 中删除
    sys.set_coroutine_wrapper(sys.get_coroutine_wrapper())
    #然后用下面的代码代替
    sys.set_coroutine_origin_tracking_depth(sys.get_coroutine_ origin_tracking
    _depth())
    #当然可以传递敏感值!
```

更多细节请参考 bpo-32591。

解决方案 2

使用 ast 模块，我们可以找到基于生成器的协程和其他已被废弃的 asyncio API。这个解决方案演示了如何使用函数体实现基于装饰和非装饰生成器的协程。它还可以检测你是否用 from asyncio import coroutine 导入了 @asyncio.coroutine 装饰器。

```
##如何重构"老派"asyncio 代码
import argparse
import ast
import asyncio
import functools
import os
from asyncio import coroutine

parser = argparse.ArgumentParser("asyncompat")
parser.add_argument("--path", default=__file__)

###测试开始 ###
@coroutine
def producer():
    return 123

@asyncio.coroutine
def consumer():
    value = yield from producer()
    return value

def consumer2():
    value = yield from producer()
    return value

###测试结束 ###

def is_coroutine_decorator(node):
    return (isinstance(node, ast.Attribute) and
            isinstance(node.value, ast.Name) and
            hasattr(node.value, "id") and
            node.value.id == "asyncio" and node.attr ==
            "coroutine")

def is_coroutine_decorator_from_module(node, *, imported_asyncio):
    return (isinstance(node, ast.Name) and
            node.id == "coroutine" and
            isinstance(node.ctx, ast.Load) and
            imported_asyncio)

class FunctionDefVisitor(ast.NodeVisitor):
    def __init__(self):
        self.source = None
        self.first_run = True
        self.imported_asyncio = False
```

```python
    def initiate_visit(self, source):
        self.source = source.splitlines()
        node = ast.parse(source)
        self.visit(node)
        self.first_run = False
        return self.visit(node)

    def visit_Import(self, node):
        for name in node.names:
            if name.name == "asyncio":
                self.imported_asyncio = True
    def visit_FunctionDef(self, node):
        if self.first_run:
            return

        decorators = list(filter(is_coroutine_decorator, node.decorator_list))
        decorators_from_module = list(
            filter(functools.partial(is_coroutine_decorator_from_module,
            imported_asyncio=self.imported_asyncio),
                node.decorator_list))
        if decorators:
            print(node.lineno, ":", self.source[node.lineno], "is an oldschool
            coroutine!")

        elif decorators_from_module:
            print(node.lineno, ":", self.source[node.lineno], "is an oldschool
            coroutine!")

if __name__ == 'main':
    v = FunctionDefVisitor()
    args = parser.parse_args()
    path = os.path.isfile(args.path) and os.path.abspath(args.path)

if not path or not path.endswith(".py"):
    raise ValueError(f"{path} is not a valid path to a python file!")
with open(path) as f:
    v.initiate_visit(f.read())
```

工作原理

在这个解决方案中,我们想演示如何使用 ast 模块来寻找以老派生成器装饰器方式定义的协程。为此,我们提供了两个谓词函数来测试 ast 节点,看看它是否包含这样的装饰器:

```python
def is_coroutine_decorator(node):
    return (isinstance(node, ast.Attribute) and
```

```
            isinstance(node.value, ast.Name) and
            hasattr(node.value, "id") and
            node.value.id == "asyncio" and node.attr ==
            "coroutine")

def is_coroutine_decorator_from_module(node, * , imported_asyncio):
    return (isinstance(node, ast.Name) and
            node.id = = "coroutine" and
            isinstance(node.ctx, ast.Load) and
            imported_asyncio)
```

接下来,我们编写一个两轮的 ast.NodeVisitor,它会遍历程序的抽象语法树来查找包含一个@asyncio.coroutine 或@coroutine 装饰器的函数定义,因为我们可以在这里导入装饰器:

```
from asyncio import coroutine:

class FunctionDefVisitor(ast.NodeVisitor):
    de __ finit __(self):
        self.source = None
        self.first_run = True
        self.imported_asyncio = False

    def initiate_visit(self, source):
        self.source = source.splitlines()
        node = ast.parse(source)
        self.visit(node)
        self.first_run = False
        return self.visit(node)

def visit_Import(self,node):
    for name in node.names:
        if name.name == "asyncio":
            self.imported_asyncio = True
```

在第一轮中,我们检查导入。我们将 asyncio 是如何被导入的保存下来,并将其作为附加参数注入谓词函数中,使用谓词函数来过滤函数定义:

```
def visit_FunctionDef(self, node):
    if self.first_run:
        return

    decorators = list(filter(is_coroutine_decorator, node.decorator_list))
    decorators_from_module = list(
```

```
        filter(functools.partial(is_coroutine_decorator_from_module,
        imported_asyncio = self.imported_asyncio),
                node.decorator_list))

    if decorators:
        print(node.lineno, ":", self.source[node.lineno], "is an oldschool
        coroutine!")

    elif decorators_from_module:
        print(node.lineno, ":", self.source[node.lineno], "is an oldschool
        coroutine!")
```

为了演示示例,我们定义了一些测试数据:

```
@coroutine
def producer():
    return 123

@asyncio.coroutine
def consumer():
    value = yield from producer()
    return value

def consumer2():
    value = yield from producer()
    return value
```

这可以通过命令行工具用 FunctionDefVisitor 找到:

```
if __name__ == '__main__':
    v = FunctionDefVisitor()
    args = parser.parse_args()
    path = os.path.isfile(args.path) and os.path.abspath(args.path)
    if not path or not path.endswith(".py"):
        raise ValueError(f"{path} is not a valid path to a python file!")
    with open(path) as f:
        v.initiate_visit(f.read())
```

避免繁忙事件循环

问题

繁忙事件循环会主动地轮询资源以确认它们的状态。你希望用 asyncio 重写一个(多线程的)繁忙事件循环,以更优雅地完成一些 I/O 操作。

解决方案

利用 asyncio.Future,我们可以非常优雅地等待一个协程完成:

```
import asyncio
import random

async def fetch(url, * , fut: asyncio.Future):
    await asyncio.sleep(random.randint(3, 5)) # 模拟工作
    fut.set_result(random.getrandbits(1024 * 8))

async def checker(responses, url, * , fut: asyncio.Future):
    result = await fut
    responses[url] = result
    print(result)

async def main():
    loop = asyncio.get_running_loop()
    future = loop.create_future()
    responses = {}
    url = "https://apress.com"
    await asyncio.gather(fetch(url, fut = future),
        checker(responses, url, fut = future))

asyncio.run(main())
```

工作原理

一个繁忙事件循环通常被认为是一个反模式,因为它资源消耗大并且浪费 CPU 的时间。给定一个事件循环,当资源状态发生变化时,我们就可以收到通知。考虑下面的示例,它使用线程和一个繁忙事件循环:

```
import random
import threading
import time

def fetch(responses, url, * , lock: threading.Lock):
    time.sleep(random.randint(3, 5)) # 模拟工作
    with lock:
        responses[url] = random.getrandbits(1024 * 8)
def checker(responses, url, interval = 1, timeout = 30, * , lock: threading.Lock):
```

```
        interval, timeout = min(interval, timeout), max(interval, timeout)
        while timeout:
            with lock:
                response = responses.get(url)
            if response:
                print(response)
                return
            time.sleep(interval)
            timeout - = interval
        raise TimeoutError()


def main():
    lock = threading.Lock()
    responses = {}
    url = "https://apress.com"
    fetcher = threading.Thread(target = fetch, args = (responses, url,),
    kwargs = dict(lock = lock))
    worker = threading.Thread(target = checker, args = (responses, url,),
    kwargs = dict(lock = lock))
    for t in (fetcher,worker):
        t.start()

    fetcher.join()
    worker.join()

if __ name __ == '__ main __':
    main()
```

fetch 函数通过使用 time.sleep 函数来模拟 I/O 工作。它将随机字节保存在一个由线程锁保护的响应 dict 中以模拟返回的响应：

```
def fetch(responses, url, * , lock: threading.Lock):
    time.sleep(random.randint(3, 5))# 模拟工作

    with lock:
        responses[url] = random.getrandbits(1024 * 8)
```

另一方面，checker 函数尝试获取由锁保护的响应。如果它获取失败了（responses.get(url) 的值是 False），就会重复尝试直到超时为止。如果超时，就引发一个 TimeoutError：

```
def checker(responses, url, interval =1, timeout =30, * ,
lock: threading.Lock):
    interval, timeout = min(interval, timeout), max(interval, timeout)
    while timeout:
```

```
        with lock:
            response = responses.get(url)

        if response:
            print(response)
            return
        time.sleep(interval)
        timeout - = interval
    raise TimeoutError()
```

我们的 main 函数用线程和相同的锁实例调度两个函数。它会连接它们以等待繁忙事件循
环:

```
def main():
    lock = threading.Lock()
    responses = {}

    url = "https://apress.com"
    fetcher = threading.Thread(target = fetch, args = (responses, url,),
    kwargs = dict(lock = lock))
    worker = threading.Thread(target = checker, args = (responses, url,),
    kwargs = dict(lock = lock))
    for t in (fetcher,worker):
        t.start()

    fetcher.join()
    worker.join()
```

asyncio 是为 I/O 而设计的。只需使用 asyncio.Future 对象,你就可以在更少的空间里
和显式地抢占协程的情况下轻松地创建一个好示例:

```
async def fetch(url, * , fut: asyncio.Future):
    await asyncio.sleep(random.randint(3, 5))#模拟工作
    fut.set_result(random.getrandbits(1024 *  8))
```

通过使用 asyncio.Future,当它实际上已经准备好时我们就可以设置结果了,并向等待
future对象的协程发出信号时。这就可以存储并处理结果(就像下面所示的打印结果):

```
async def checker(responses, url, * , fut: asyncio.Future):
    result = await fut
    responses[url] = result
    print(result)
```

在本示例中，threading.Thread.join 与 asyncio.gather 在逻辑上是等价的：

```
async def main():
    loop = asyncio.get_running_loop()
    future = loop.create_future()
    responses = {}
    url = "https://apress.com"
    await asyncio.gather(fetch(url, fut = future),
    checker(responses, url, fut = future))

asyncio.run(main())
```

通过使用 loop.create_future() 可以很方便地创建 future 实例。

注意：不要实例化 asyncio.Future。你可能最终得到一些奇特的事件循环实现，它们增强了只通过 loop.create_future() 开放的 future 类！

9

处理网络协议

网络通信是由网络协议(networking protocol)控制的。网络协议是描述数据如何跨越(或在内部)网络节点边界进行传输和格式化的规则集(ruleset)的总称。例如,它们可以定义传输有效负载的字节顺序、编码、有效负载的长度、在失败的尝试后是否重新传输有效负载等。

这些网络协议如果被设计成只用于单一目的,如传输或身份验证,那么它们就可以在某种程度上彼此交互,无缝地相互切换。

这种模式的典型代表就是 HTTP、FTP、SSH、SFTP 和 HTTPS,它们利用更低级的传输协议(如 TCP 和 UDP),使用路由协议(如 IP),并使用 TLS 作为身份验证或完整性协议。

这些协议是围绕一种称为请求-响应(request – response)模型的消息交换机制构建的。发起通信的一方通常称为客户端(client)。应答方称为服务器(server)。这样设计的通信方式涉及 I/O 往返时间,请求方(requester)/客户端/主叫者(caller)在这段时间内等待响应。

由于实现这种协议的同步程序将等待任何挂起的响应,因此会不必要地占用 CPU 时间。asyncio 也提供了一些工具来为这些协议编写实现,甚至可以创建你自己的协议,在 asyncio 的强大事件循环系统上运行这些协议。

asyncio.BaseProtocol 子类是 asyncio 原语,它声明哪些字节由 asyncio.BaseTransport 子类传输以及控制如何发送字节。asyncio 提供了 4 个开箱即用的传输层协议:UDP、TCP、TLS 和子进程管道(subprocess pipe)。

值得使用的 asyncio.BaseProtocol 子类如下：

- asyncio.Protocol,用于如 TCP 和 UNIX 套接字这样的流协议(streaming protocol)；
- asyncio.BufferedProtocol,用于通过手动控制接收缓冲区(receive buffer)来实现流协议；
- asyncio.DatagramProtocol,用于实现用户数据报协议(UDP)；
- asyncio.SubprocessProtocol,用于实现与子进程(单向管道)通信的协议。

如果你非常不愿意添加更多的 asyncio.BaseTransport 子类,那么你就得提供自己的事件循环实现,因为没有事件循环 API 开放传递 asyncio.BaseTransport 工厂作为参数的方式。它们可用于创建在 asyncio.BaseLoop 子类上运行的客户端或服务器。要为某个协议创建客户端/服务器,需要将一个协议工厂函数传递给以下 asyncio.BaseLoop 方法之一：

- loop.create_connection
- loop.create_datagram_endpoint
- loop.create_server
- loop.connect_accepted_socket
- loop.subprocess_shell
- loop.subprocess_exec
- loop.connect_read_pipe
- loop.connect_write_pipe
- loop.create_unix_connection
- loop.creat_unix_server

不同的连接方法返回不同的传输协议。它们在传输数据的方式上也是有差异的。有一些传输协议使用不同系列的套接字,比如 AF_INET、AF_UNIX 等,以及不同类型的套接字,比如 SOCK_STREAM (TCP)和 SOCK_DGRAM (UDP)等。

asyncio.transports.SubprocessTransport 子类通过管道进行通信。它们可以用于子进程的上下文中。

create_unix_connection 和 create_unix_server 方法只在 UNIX 主机上可用。在

Windows 上的子进程只能在 `ProactorEventLoop` 上运行,如前面的例子所示:

```
if sys.platform = = "win32":
    asyncio.set_event_loop_policy(asyncio.
    WindowsProactorEventLoopPolicy())
```

在本章中,我们将讨论一部分事件循环方法,以及一些对于理解如何使用这些网络原语至关重要的 asyncio.BaseProtocol 子类。

编写一个用于简单远程命令行服务器的协议子类

问题

我们希望用 asyncio 实现一个带有二进制有效负载的自定义网络协议的服务器。

解决方案

如前所述,asyncio 提供了 asyncio.BaseProtocol 类的实现,帮助我们实现网络协议。它们定义了之后可以被 asyncio.Transport 对象调用的回调函数,都可以严格地一一映射到 asyncio.BaseProtocol 对象。

为了实现我们自己的简单协议,首先需要编写一个能够接收序列化的 Python 函数并在一个子进程池中运行它的服务器。然后通过 TCP 将结果返回给被调用者。为了获得更好的 pickle 支持,我们使用第三方库 cloudpickle。它使我们能够序列化可能不可导入的响应,例如函数。

cloudpickle 的安装方法如下:

```
pipenv install cloudpickle = =0.6.1
#或者
pip3 install cloudpickle = =0.6.1

import asyncio
import functools
import inspect
import logging
import sys
from multiprocessing import freeze_support, get_context
```

```
import cloudpickle as pickle

logging.basicConfig(level = logging.DEBUG, stream = sys.stdout)

def on_error(exc, * , transport, peername):
    try:
        logging.exception("On error: Exception while handling a subprocess:
        %s ", exc)
        transport.write(pickle.dumps(exc))
    finally:
        transport.close()
        logging.info("Disconnected %s", peername)

def on_success(result, * , transport, peername, data):
    try:
        logging.debug("On success: Received payload from %s:%s and
        successfully executed: \n%s", * peername, data)
        transport.write(pickle.dumps(result))
    finally:
        transport.close()
        logging.info("Disconnected %s", peername)

def handle(data):
    f, args, kwargs = pickle.loads(data)
    if inspect.iscoroutinefunction(f):
        return asyncio.run(f(*args, *kwargs))

    return f(*args, **kwargs)

class CommandProtocol(asyncio.Protocol):

    def __init__(self, pool, loop, timeout = 30):
        self.pool = pool
        self.loop = loop
        self.timeout = timeout
        self.transport = None

    def connection_made(self, transport):
        peername = transport.get_extra_info('peername')
        logging.info('%s connected', peername)
        self.transport = transport

    def data_received(self, data):
        peername = self.transport.get_extra_info('peername')
        on_error_ = functools.partial(on_error, transport = self. transport,
        peername = peername)
        on_success_ = functools.partial(on_success, transport = self.transport,
        peername = peername, data = data)
```

```
        result = self.pool.apply_async(handle, (data,),
        callback=on_success_, error_callback=on_error_)
        self.loop.call_soon(result.wait)
        self.loop.call_later(self.timeout, self.close, peername)

    def close(self, peername=None):
        try:
            if self.transport.is_closing():
                return
            if not peername:
                peername = self.transport.get_extra_info('peername')
        finally:
            self.transport.close()
            logging.info("Disconnecting % s", peername)

async def main():
    loop = asyncio.get_running_loop()
    fork_context = get_context("fork")
    pool = fork_context.Pool()
    server = await loop.create_server(lambda:
    CommandProtocol(pool, loop), '127.0.0.1', 8888)
    try:
        async with server:
            await server.serve_forever()
    finally:
        pool.close()
        pool.join()

if __name__ == '__main__':
    freeze_support()
    asyncio.run(main())
```

工作原理

在导入部分中可以看到,我们将用 `multiprocessing.Pool` 来调度序列化的函数(及其参数):

```
import asyncio
import inspect
import functools
import logging
import os
import pickle
```

```
import sys
from multiprocessing import Pool
```

因为我们将为此使用异步 pool.apply_async API,所以需要提供对结果和错误调用的回调函数。我们在我们的 asyncio.BaseProtocol 类定义之外定义它们:

```
logging.basicConfig(level = logging.DEBUG, stream = sys.stdout)

def on_error(exc, * , transport, peername):
    try:
        logging.exception("On error: Exception while handling a subprocess:
        %s ", exc)
        transport.write(pickle.dumps(exc))

    finally:
        transport.close()
        logging.info("Disconnected %s", peername)

def on_success(result, * , transport, peername, data):
    try:
        logging.debug("On success: Received payload from %s:%s and successfully
        executed: \n%s", *peername, data)
        transport.write(pickle.dumps(result))
    finally:
        transport.close()
        logging.info("Disconnected %s", peername)

def handle(data):
    f, args, kwargs = pickle.loads(data)
    if inspect.iscoroutinefunction(f):
        return asyncio.run(f(*args,*kwargs))
    return f(*args, **kwargs)
```

我们没有将它们作为 CommandProtocol 的方法的原因是,在 ApplyResult 实例上调用 result.wait 将尝试序列化(pickle)提供的回调函数。由于回调函数是方法,它还将尝试序列化实例,但是因为 multiprocessing.Pool 的不可序列化(unpickleable)属性会导致序列化失败。

这个问题的一个简单解决方案是使用可序列化(pickleablc)函数(如果可导入的话),然后通过 functools.partial(我们将在后面看到)传递额外的值。当在进程池中引发异常时,会调用 on-error 回调函数。由于我们注入了传输实例,因此我们可以将序列化的异常传回给被调用者,然后由被调用者继续进行适当的处理。

当然,我们也可以在使用结束时关闭传输以避免出现资源泄漏。类似情况还包括,我们可以首先序列化结果,然后关闭传输。利用 try-finally 语句块,我们就可以确保传输始终处于关闭状态。handle 函数通常会对传递的数据进行反序列化并尝试解包,因为我们的"契约"是发送一个函数的序列化元组、一个位置参数的元组和一个带关键字参数的字典。我们在这里不处理异常,因为它们是由 on_error 处理的。返回值是传递给 on_success 的值。

下一个是 CommandProtocol 类。首先,我们定义了构造函数,它需要向我们传递池实例来处理不同的请求。事件循环实例用于调度回调函数,如果计算结果花费的时间太长,那么超时就可用于强制关闭传输。传输属性被初始化为 None 以保存对当前传输的引用。

```
Class CommandProtocol(asyncio.BaseProtocol):
    def __init__(self, pool, loop, timeout=30):
        self.pool = pool
        self.loop = loop
        self.timeout = timeout
        self.transport = None
```

之后,我们需要实现由 asyncio.Transport 实例调用的回调函数:

```
def connection_made(self, transport):
    peername = transport.get_extra_info('peername')
    logging.info('%s connected', peername)
    self.transport = transport
```

当客户端连接到服务器时会调用 command_protocol.connection_made。在这种情况下,我们通过查询 peername 的传输来存储 IP 和端口信息。我们还存储对传输的引用以供进一步使用。

command_protocol.data_received 回调函数是协议中比较好的部分。我们在这里接收数据,然后将数据传递给进程池。在这里我们不对数据进行序列化,而是等待句柄回调函数被调用。

我们使用 functools.partial 传递传输实例,以便回调函数可以返回有效负载。我们也会在 self.timeout 秒后调度 self.close,如果传输时间太长,则强制关闭传输。

```
def data_received(self, data):
    peername = self.transport.get_extra_info('peername')
```

```
on_error_ = functools.partial(on_error, transport=self.transport,
peername=peername)
on_success_ = functools.partial(on_success, transport=self.transport,
peername=peername, data=data)

result = self.pool.apply_async(handle, (data,),
callback=on_success_, error_callback=on_error_)

self.loop.call_soon(result.wait)
self.loop.call_later(self.timeout, self.close, peername)
```

只有当我们通过查询 transport.is_closing() 不能关闭传输时,才会调用 close 方法。如果它还没有关闭,我们就关闭它;否则,我们就试着在 finally 语句块中获取 peername 并关闭传输:

```
def close(self, peername=None):
    try:
        if self.transport.is_closing():
            return
        if not peername:
            peername = self.transport.get_extra_info('peername')
    finally:
        self.transport.close()
        logging.info("Disconnected %s", peername)
```

为了启动服务器,我们需要获得一个事件循环实例和一个 multiprocessing.Pool 实例,并创建一个可以传递给 loop.create_server 的 CommandProtocol 工厂。

为此,我们内联一个会返回一个重用进程池的新 CommandProtocol 实例的 lambda。现在每个连接上都会生成一个新的 CommandProtocol 实例,但是我们使用的都是相同的进程池实例。我们在本地主机和 8888 端口上开启服务器。我们让服务器一直运行并在 finally 语句块中关闭进程池。

```
async def main():
    loop = asyncio.get_running_loop()
    pool = Pool()
    server = await loop.create_server(
        lambda: CommandProtocol(pool, loop),
        '127.0.0.1', 8888)
    try:
        async with server:
```

```
        await server.serve_forever()
    finally:
        pool.close()
        pool.join()

asyncio.run(main())
```

注意：因为 (cloud)pickle 包不能防止恶意代码,所以不要在你不信任的网络上运行此服务器。没有采取任何措施来加强这个服务器示例,以使其专注于协议部分。

编写一个用于简单远程命令行客户端的协议子类

问题

我们希望用 asyncio 实现一个带有二进制有效负载的自定义网络协议的客户端。

解决方案

由于 pickle 包的限制,它只能加载可导入的序列化函数。由于现实使用场景并非总是如此,因此只用 pickle 包就不能满足需求。

为了获得更好的序列化支持,我们将使用第三方库 cloudpickle。它将使我们能够序列化本地(客户端)定义的和远程不可访问的函数。

可以使用以下命令安装它：

```
pipenv install cloudpickle = =0.6.1
#或者
pip3 install cloudpickle = =0.6.1
```

我们现在通过 CommandProtocol 就可以调用序列化的 Python 函数：

```
import asyncio
import logging
import cloudpickle as pickle
import sys

logging.basicConfig(level = logging.DEBUG, stream = sys.stdout)
```

```python
class CommandClientProtocol(asyncio.Protocol):
    def __init__(self, connection_lost):
        self._connection_lost = connection_lost
        self.transport = None

    def connection_made(self, transport):
        self.transport = transport

    def data_received(self, data):
        result = pickle.loads(data)
        if isinstance(result, Exception):
            raise result
        logging.info(result)

    def connection_lost(self, exc):
        logging.info('The server closed the connection')
        self._connection_lost.set_result(True)

    def execute_remotely(self, f, * args, * * kwargs):
        self.transport.write(pickle.dumps((f, args, kwargs)))

async def remote_function(msg):
    print(msg) # 信息会在主机上打印出来
    return 42

async def main():
    loop = asyncio.get_running_loop()

    connection_lost = loop.create_future()

    transport, protocol = await loop.create_connection(
        lambda: CommandClientProtocol(connection_lost),
        '127.0.0.1', 8888)

    protocol.execute_remotely(remote_function, "This worked!")

    try:
        await connection_lost
    finally:
        transport.close()

asyncio.run(main())
```

工作原理

首先我们调用 import 并为 cloudpickle 包使用别名 pickle：

```python
import asyncio
```

```
import logging
import cloudpickle as pickle
import sys
```

接下来是 CommandClientProtocol 类。我们传递一个 asyncio.Future 实例,它用于确保我们的程序在连接丢失之前不会退出。我们还为 asyncio.Transport 对象初始化了一个空属性:

```
logging.basicConfig(level = logging.DEBUG, stream = sys.stdout)

class CommandClientProtocol(asyncio.Protocol):
    def __init__(self, connection_lost):
        self._connection_lost = connection_lost
        self.transport = None
```

现在是回调函数。它们与 CommandProtocol 类似。在建立连接时,使用相应的传输实例调用 connection_made,我们将传输实例保存在相同的命名属性中:

```
def connection_made(self, transport):
    self.transport = transport
```

之后定义 data_received 回调函数,我们在 CommandProtocol 中也见过它。on_error 和 on_success 处理程序返回调用函数的结果或者 CommandProtocol.handle 方法中发生的任何异常。我们对有效负载进行反序列化,如果它是一个异常就抛出它;否则,我们需要进行日志记录:

```
def data_received(self, data):
    result = pickle.loads(data)
    if isinstance(result, Exception):
        raise result
    logging.info(result)
```

如果我们不再与服务器联系,则调用 connection_lost 方法。在此情况下,我们想要给我们的 future 对象发出信号,告诉它它是通过使用 future.set_result 被消耗掉的:

```
def connection_lost(self, exc):
    logging.info('The server closed the connection')
    self._connection_lost.set_result(True)
```

为了方便,我们定义了 execute_remote 方法,它接受一个函数或协程函数及其参数,然后远程调用它们：

```
def execute_remotely(self, f, *args, **kwargs):
    self.transport.write(pickle.dumps((f, args, kwargs)))
```

我们定义一个在服务器上调用的协程：

```
async def remote_function(msg):
    print(msg) #信息会在主机上打印出来
    return 42
```

为了连接服务器，我们给当前运行的事件循环的 loop.create_connection 方法传递一个协议工厂。然后，我们调用我们的 protocol.execute_remotely 便捷方法。

我们等待 connection_lost future 对象，我们已经在 CommandClientProtocol 实例中传递了它。最后，我们在 finally 语句块中关闭传输：

```
async def main():
    loop = asyncio.get_running_loop()

    connection_lost = loop.create_future()

    transport, protocol = await loop.create_connection(
        lambda: CommandClientProtocol(connection_lost),
        '127.0.0.1', 8888)

    protocol.execute_remotely(remote_function, "This worked!")

    try:
        await connection_lost
    finally:
        transport.close()

asyncio.run(main())
```

编写一个简单的 HTTP 服务器

问题

你需要使用 asyncio.start_server 构建一个非常简单但功能强大的 HTTP 服务器。

解决方案

要解决这个问题,我们得安装第三方包 httptools,按照 https://github.com/Magic-Stack/httptools 上的安装说明进行安装。在编写本书时,使用下面的命令安装:

```
pip3 install httptools ==0.0.11
#或者
pipenv install httptools ==0.0.11
```

使用 httptools 模块和 asyncio.Futures 进行 HTTP 解析,我们将编写一个 AsyncioHTTPHandler 类,用于异步 HTTP 服务器。

```
import asyncio
from collections import defaultdict, OrderedDict
from json import dumps
from urllib.parse import urljoin
from wsgiref.handlers import format_date_time

from httptools import HttpRequestParser

class HTTPProtocol():

    de __ finit __(self, future =None):
        self.parser = HttpRequestParser(self)
        self.headers = {}
        self.body = b""
        self.url = b""
        self.future = future

    def on_url(self, url: bytes):
        self.url = url

    def on_header(self, name: bytes, value: bytes):
        self.headers[name] = value

    def on_body(self, body: bytes):
        self.body = body

    def on_message_complete(self):
        self.future.set_result(self)

    def feed_data(self, data):
        self.parser.feed_data(data)

MAX_PAYLOAD_LEN = 65536
DEFAULT_HTTP_VERSION = "HTTP/1.1"
NOT_FOUND = """<! DOCTYPE html >
```

```
<html>
  <head>
    <meta charset="UTF-8">
    <title>404 | Page not found</title>
    <meta name="viewport" content="width=device-width, initial-scale=1">
    <meta name="description" content="404 Error page">
  </head>
  <body>
    <p>"Sorry ! the page you are looking for can't be found"</p>
  </body>
</html>"""

REASONS = {
    100: "Continue",
    101: "Switching Protocols",
    200: "OK",
    201: "Created",
    202: "Accepted",
    203: "Non-Authoritative Information",
    204: "No Content",
    205: "Reset Content",
    206: "Partial Content",
    300: "Multiple Choices",
    301: "Moved Permanently",
    302: "Found",
    303: "See Other",
    304: "Not Modified",
    305: "Use Proxy",
    307: "Temporary Redirect",
    400: "Bad Request",
    401: "Unauthorized",
    402: "Payment Required",
    403: "Forbidden",
    404: "Not Found",
    405: "Method Not Allowed",
    406: "Not Acceptable",
    407: "Proxy Authentication Required",
    408: "Request Time-out",
    409: "Conflict",
    410: "Gone",
    411: "Length Required",
    412: "Precondition Failed",
    413: "Request Entity Too Large",
    414: "Request-URI Too Large",
```

```
        415: "Unsupported Media Type",
        416: "Requested range not satisfiable",
        417: "Expectation Failed",
        500: "Internal Server Error",
        501: "Not Implemented",
        502: "Bad Gateway",
        503: "Service Unavailable",
        504: "Gateway Time - out",
        505: "HTTP Version not supported"
}

class HTTPError(BaseException):
    def __ init __(self, status_code):
        assert status_code > = 400
        self.status_code = status_code
        self.reason = REASONS.get(status_code, "")

    def __ str __(self):
        return f"{self.status_code} - {self.reason}"

class Response:
    def __ init __(self, status_code, headers,
                http_version = DEFAULT_HTTP_VERSION, body = ""):
        self.http_version = http_version
        self.status_code = status_code
        self.headers = headers
        self.reason = REASONS.get(status_code, "")
        self.body = body

    def __ str __(self):
        status_line = f"{self.http_version} {self.status_code}
        {self.reason} \r \n"

            headers = "".join(
        (f'"{key}": {value} \r \n' for key, value in self.headers. items())
        )
        return f"{status_line}{headers} \r \n{self.body}"

    def get_default_headers():
        return OrderedDict({
        "Date": format_date_time(None) .encode("ascii"),
        "Server": AsyncioHTTPHandler.banner
    })

def response(headers = None, status_code = 200, content_type = "text/ html",
http_version = DEFAULT_HTTP_VERSION, body = ""):
    if not headers:
```

```
        headers = get_default_headers()
    headers.update({"Content - Type": content_type,
                    "Content - Length": str(len(body))})
    return Response(status_code, headers, http_version, body)

def json(headers = None, status_code = 200, content_type = "application/ json",
http_version = DEFAULT_HTTP_VERSION, body = None):
    if not body:
        body = {}
    return response(headers, status_code, content_type, http_ version,
    dumps(body))

class AsyncioHTTPHandler:
    allowed_methods = ["GET"]
    version = 1.0
    banner = f"AsyncioHTTPServer/{version}".encode("ascii")
    default_timeout = 30

    def __ init __(self, host, timeout = default_timeout):
        self.host = host
        self.routes = defaultdict(dict)
        self.timeout = timeout

    def route(self, * args, method = "GET", path = None):

        def register_me(f):
            nonlocal path, self

            if not path:
                path = f.__ name __
            http_method = method.upper()

            assert http_method in AsyncioHTTPHandler.allowed_ methods

            if not path.startswith("/"):
                path = urljoin("/", path)
            self.routes[http_method][path] = f
            return f

        if args:
            f, = args
            return register_me(f)
        return register_me

    async def on_connection(self, reader, writer):
        try:
            request = await asyncio.wait_for(reader.read(MAX_ PAYLOAD_LEN),
            self.timeout)
```

```
                await self.send(writer, await self.handle(request))
            except HTTPError as err:
                if err.status_code == 404:
                    await self.send(writer, response(status_ code = err.status_code,
                    body = NOT_FOUND))
                elif err.status_code == 405:
                    headers = get_default_headers()
                    headers.update(Allow = ",
                    ".join(AsyncioHTTPHandler.allowed_methods))
                     await self.send(writer, json(headers, status_ code = err.status_
                     code))
                else:
                    await self.send(writer, json(status_code = err. status_code))
            except TimeoutError:
                await self.send(writer, json(status_code = 408))

            finally:
                writer.close()

        async def handle(self, request):
            finish_parsing = asyncio.get_running_loop().create_ future()
            proto = HTTPProtocol(future = finish_parsing)

            try:
                proto.feed_data(request)
                await finish_parsing
                path = proto.url.decode("UTF - 8")
                method = proto.parser.get_method().decode("UTF - 8")
            except (UnicodeDecodeError, HttpParserUpgrade):
                raise HTTPError(500)

            if not method.upper() in AsyncioHTTPHandler.allowed_ methods:
                raise HTTPError(405)

            handler = self.routes[method].get(path)
            if not handler:
                raise HTTPError(404)
            return await handler(self)

        async def send(self, writer, response):
            writer.write(str(response).encode("ascii"))
            await writer.drain()

host = "127.0.0.1"
port = 1234

server = AsyncioHTTPHandler(host)
```

```
@ server.route()
async def test_me(server):
    return json(body = dict(it_works = True))

async def main():
    s = await asyncio.start_server(server.on_connection, host, port)
    async with s:
        await s.serve_forever()

try:
    asyncio.run(main())
except KeyboardInterrupt:
    print("Closed..")
```

工作原理

下面用几小节内容来介绍构建步骤。

导入

首先是导入:

```
import asyncio
from collections import defaultdict, OrderedDict
from json import dumps
from urllib.parse import urljoin
from wsgiref.handlers import format_date_time
from httptools import HttpRequestParser
```

协议类定义

然后,我们定义一个 HTTPProtocol 类,它将与 HTTP 请求进行交互并通过 httptools. HttpRequestParser 进行解析。所有以 on_* 为前缀的方法都可以根据名称后缀给出的相应状态被调用。例如,on_body 将在接收 HTTP 请求体时被调用。

feed_data 方法被传递给 httptools.HttpRequestParser,它支持解析 HTTP 请求。

```
class HTTPProtocol():

    def __init__(self, future = None):
        self.parser = HttpRequestParser(self)

        self.headers = {}
```

```
        self.body = b""
        self.url = b""
        self.future = future

    def on_url(self, url: bytes):
        self.url = url

    def on_header(self, name: bytes, value: bytes):
        self.headers[name] = value

    def on_body(self, body: bytes):
        self.body = body

    def on_message_complete(self):
        self.future.set_result(self)

    def feed_data(self, data):
        self.parser.feed_data(data)
```

全局定义

其他定义包括最大有效负载大小、服务器的默认 HTTP 版本以及一个小型的 404 错误
模板：

```
MAX_PAYLOAD_LEN = 65536
DEFAULT_HTTP_VERSION = "HTTP/1.1"
NOT_FOUND = """<!DOCTYPE html>
<html>
    <head>
        <meta charset="UTF-8">
        <title>404 | Page not found</title>
        <meta name="viewport" content="width=device-width,
        initial-scale=1">
        <meta name="description" content="404 Error page">
    </head>
    <body>
        <p>"Sorry! the page you are looking for can't be found"</p>
    </body>
</html>"""
```

我们还必须定义一些伴随 HTTP 状态码的消息：

```
REASONS = {
    100: "Continue",
```

```
    # 省略
    505："HTTP Version not supported"
}
```

异常定义

接下来,我们定义一个由 HTTP 错误引发的异常函数,它指的是大于或等于 400 的状态码:

```
class HTTPError(BaseException):
    def __init__(self, status_code):
        assert status_code >= 400
        self.status_code = status_code
        self.reason = REASONS.get(status_code, "")

    def __str__(self):
        return f"{self.status_code} - {self.reason}"
```

响应类定义

为了向连接到我们的 HTTP 服务器的 HTTP 客户端发送响应,我们定义了一个便捷的 response类。一个 HTTP 响应包含状态码、响应头、HTTP 版本号和可选的响应体。我们覆盖__ str __方法以转储传输响应的正确表示(在响应被编码之前)。

```
class Response:
    def __init__(self, status_code, headers, http_version = DEFAULT_HTTP_VER-
SION, body = ""):
        self.http_version = http_version
        self.status_code = status_code
        self.headers = headers
        self.reason = REASONS.get(status_code, "")
        self.body = body

    def __str__(self):
        status_line = f"{self.http_version} {self.status_code}
        {self.reasone}\r\n"

    headers = "".join(
        (f'"{key}": {value}\r\n' for key, value in self.headers.items())
    )
    return f"{status_line}{headers}\r\n{self.body}"
```

定义工具函数

下一步,我们将默认响应头定义为一个返回 OrderedDict 的函数,因为响应头的顺序非常重要。此外,根据 HTTP/1.1 规范(https://www.w3.org/Protocols/rfc2616/rfc2616-sec14.html#sec14.18),日期在大多数情况下被认为是必需的参数。

```
def get_default_headers():
    return OrderedDict({
        "Date": format_date_time(None).encode("ascii"),
        "Server": AsyncioHTTPHandler.banner
    })
```

以下两个函数被路由处理程序用来以适当的格式便捷地返回它们的有效负载。JSON 处理程序是基于响应处理程序的,它可以返回一个响应对象。它会为 Content-Type 添加一个参数并计算 Content-Length 响应头。此外,JSON 处理程序还提供了一个 content_type,适用于一个 JSON 有效负载("application/json"),并返回一个空的 JSON 体,而不是一个空的响应体:

```
def response(headers=None, status_code=200, content_type="text/ html",
http_version=DEFAULT_HTTP_VERSION, body=""):
    if not headers:
        headers = get_default_headers()
    headers.update({"Content-Type": content_type,
                    "Content-Length": str(len(body))})
    return Response(status_code, headers, http_version, body)

def json(headers=None, status_code=200, content_type="application/ json",
http_version=DEFAULT_HTTP_VERSION, body=None):
    if not body:
        body = {}
    return response(headers, status_code, content_type, http_ version,
dumps(body))
```

定义 AsyncioHTTPHandler

HTTP 服务器的核心是 AsyncioHTTPHandler。它的职责是响应连接请求,然后尝试根据已解析的请求头信息(如路径等)解析和路由消息。

此外,它还提供了一种将协程注册为要请求的处理程序的简单方法。为了构建 AsyncioHTTPHandler,我们定义了 allowed_methods 类属性,在其中存储当前支持的 HTTP 方法。为了简单起见,我们暂时只支持 GET 方法。我们有一个版本标志,可以用在我们的 banner 展示信息中,会被编码为 ASCII 字节。另外,HTTP 连接的默认超时时间为 30 秒。

```
class AsyncioHTTPHandler:
    allowed_methods = ["GET"]
    version = 1.0
    banner = f"AsyncioHTTPServer/{version}".encode("ascii")
    default_timeout = 30
```

之后,我们定义了 __init__ 方法,在其中存储当前主机并传递我们想要使用的实际超时时间。我们还用 dict 工厂初始化一个 defaultdict 作为路由的数据结构。

这么做的理由是我们不想防御地访问路由表。相反,如果没有特定路由的处理程序,我们希望接收一个假(false)值。我们通过 HTTP 方法和路由来存储路由。

```
def __init__(self, host, timeout=default_timeout):
    self.host = host
    self.routes = defaultdict(dict)
    self.timeout = timeout
```

下一个方法用于将 HTTP 处理程序注册到提供的路径。如果没有传递,路径默认为函数名。方法参数首先使用 str.upper 进行规范化,然后在 allowed_methods 中进行检查。如果路径不是以"/"开始,则通过 urllib.parse.urljoin 进行联接。然后通过规范化的 HTTP 方法和路径保存路由。查找方式也是类似的。

```
def route(self, *args, method="GET", path=None):
    def register_me(f):
        nonlocal path, self

        if not path:
            path = f.__name__
        http_method = method.upper()

        assert http_method in AsyncioHTTPHandler.allowed_methods

        if not path.startswith("/"):
            path = urljoin("/", path)
        self.routes[http_method][path] = f
        return f
```

```
        if args:
            f, =args
            return register_me(f)
        return register_me
```

装饰器的最后一部分确保你可以像@server.route 或@server.route()这样使用它：

```
    if args:
        f, =args
        return register_me(f)
    return register_me
```

on_connection 协程方法是 HTTP 服务器的入口点。它处理所有传入的 HTTP 请求。首先，通过 asyncio.wait_for 和 reader.read 等待请求超时。如果超时，我们发送一个 HTTP 状态码为 408（请求超时）的 HTTP 响应。如果接收到的有效负载的大小未超过 MAX_PAYLOAD_LEN，则将负载传递给 self.handle 进行解析，并且接收回响应对象或引发 HTTPError。如果错误源于路由查找中的错误，那么我们发送一个带有 404 状态码的 HTTP 响应。

如果客户端请求一个不允许的方法，那么我们发送一个带有 405 状态码的 HTTP 响应。HTTP 规范要求我们发送一个 Allow 请求头，带有一个以逗号分隔的包含所有允许的 HTTP 方法的列表。

```
    async def on_connection(self, reader, writer):
        try:
            request = await asyncio.wait_for(reader.read(MAX_PAYLOAD_LEN),
            self.timeout)
            await self.send(writer, await self.handle(request))
        except HTTPError as err:
            if err.status_code == 404:
                await self.send(writer, response(status_code=err.status_code,
                body=NOT_FOUND))
            elif err.status_code ==405:
                headers = get_default_headers()
                headers.update(Allow=",
                ".join(AsyncioHTTPHandler.allowed_methods))
                await self.send(writer, json(headers,status_
                code=err.status_code))
            else:
                await self.send(writer, json(status_code=err. status_code))
```

```
        except TimeoutError:
            await self.send(writer, json(status_code=408))
        finally:
            writer.close()
```

在 self.handle 中,我们实例化一个新的 HttpProtocol 实例来处理响应。撰写本书时,我们可以处理以下问题:

- 一个不可 UTF-8 解码的 HTTP 请求头或一个 HTTP Upgrade 请求引发一个带有 500 状态码的 HTTPError,500 是"Internal Error"(内部错误)HTTP 状态码。
- 一个不允许的 HTTP 方法引发一个带有 405 状态码的 HTTPError, 405 是"Not allowed"(不允许)HTTP 状态码。
- 查找路由失败引发一个带有 404 状态码的 HTTPError,404 是(臭名昭著的)"Not found"(未找到)HTTP 状态码。

我们将一个 future 对象传递给 HTTPProtocol 实例,该实例是在整个请求被处理时设置的。在等待结束之后,HTTPProtocol 实例会包含完成的请求和方法。

```
    async def handle(self, request):
        finish_parsing = asyncio.get_running_loop().create_future()
        proto = HTTPProtocol(future=finish_parsing)

        try:
            proto.feed_data(request)
            await finish_parsing
            path = proto.url.decode("UTF-8")
            method = proto.parser.get_method().decode("UTF-8")
        except (UnicodeDecodeError, HttpParserUpgrade):
            raise HTTPError(500)

        if not method.upper() in AsyncioHTTPHandler.allowed_methods:
            raise HTTPError(405)

        handler = self.routes[method].get(path)
        if not handler:
            raise HTTPError(404)
        return await handler(self)
```

最后,我们定义一个便捷方法,用于以 ASCII 编码写入 StreamWriter(我们还不支持字符集设置),之后使用 drain 来确保有效负载被传输。

```
async def send(self, writer, response):
    writer.write(str(response).encode("ascii"))
    await writer.drain()
```

启动网络服务器

为了启动 Web 服务器并开放一个协程方法,我们根据环回 IP 地址和端口 1234 创建 AsyncioHTTPHandler。然后,我们为 /test_me 路由编写一个处理程序并通过 @server.route 注册它。默认情况下,它在 / < function_name > 下是可用的,正如装饰器部分所解释的那样。

```
host = "127.0.0.1"
port = 1234

server = AsyncioHTTPHandler(host)

@server.route
async def test_me(server):
    return json(body = dict(it_works = True))
```

这里的重点是调用 asyncio.start_server,它会返回一个 TCP 服务器实例,该实例在指定主机和端口下的每个新连接上使用我们的回调函数:

```
async def main():
    s = await asyncio.start_server(server.on_connection, host, port)
    async with s:
        await s.serve_forever()

try:
    asyncio.run(main())
except KeyboardInterrupt:
    print("Closed..")
```

我们可以通过 Python 进行测试,如下所示:

```
import urllib.request
with urllib.request.urlopen("http://127.0.0.1:1234/test_me") as f:
    print(f.read().decode())
```

也可以使用 curl:

```
→curl http://127.0.0.1:1234/test_me
```

```
{"it_works": true}%
```

通过 SSH 远程执行 shell 命令

问题

你想编写一个用 Python 定义的可执行远程命令的微型库，类似于操作系统命令。

解决方案

SSH 是一种用于安全远程登录和安全访问远程服务的网络协议。在不可信网络中，它可以在客户端和服务器之间建立一个安全通道。为了实现这个目标，它通常运行在 TCP/ IP 上并提供如完整性保护（integrity protection）、加密和强服务器身份验证等功能。

OpenSSH 套件提供了一个 SSH 客户端实现。OpenSSH 套件的安装概述将在后面介绍。

本示例通过编写围绕 OpenSSH 用户态（userland）工具的子进程封装器来利用这些工具。为了提供跨平台的体验，我们部署了一个装饰器模式，在这个模式中我们可以使用关键字参数为每个操作系统传递不同的系统命令。

```python
import asyncio
import getpass
import inspect
import logging
import shutil
import subprocess
import sys
import itertools
from functools import wraps

logging.basicConfig(level = logging.INFO)

class NotFoundError(BaseException):
    pass

class ProcessError(BaseException):
    def __init__(self, return_code, stderr):
        self.return_code = return_code
        self.stderr = stderr

    def __str__(self):
```

```
        return f"Process returned non 0 return code {self. return_code}. \n" \
            f"{self.stderr.decode('utf - 8')}"

def get_ssh_client_path():
    executable = shutil.which("ssh")
    if not executable:
        raise NotFoundError(
            "Could not find ssh client. You can installOpenSSH from https://www.
            OpenSSH.com/portable.html. \nOn Mac OSX we recommend using brew: brew
            install OpenSSH. \nOn Linux systems you should use the package manager
            of your choice, like so. apt - get install OpenSSH \nOn windows you can
            use Chocolatey: choco install OpenSSH.")
    return executable

def get_ssh_client_path():
    executable = shutil.which("ssh")
    if not executable:
        raise NotFoundError(
            "Could not find ssh client. You can install OpenSSHfrom https://www.
            OpenSSH.com/portable.html. \nOn Mac OSX we recommend using brew: brew
            install OpenSSH. \nOn Linux systems you should use the package manager
            of your choice, like so: apt - get install OpenSSH \nOn windows you can
            use Chocolatey: choco install OpenSSH.")
    return executable

class Connection:
    def __init__(self, user = None, host = "127.0.0.1", port = 22, timeout = None,
    ssh_client = None):
        self.host = host
        self.port = port
        if not user:
            user = getpass.getuser()
        self.user = user
        self.timeout = timeout
        if not ssh_client:
            ssh_client = get_ssh_client_path()
        self.ssh_client = ssh_client

    async def run(self, * cmds, interactive = False):
        commands = [self.ssh_client,
                    f"{self.user}@ {self.host}",
                    f" - p {self.port}",
                    * cmds]
        logging.info(" ".join(commands))

        proc = await asyncio.create_subprocess_exec(* commands,
```

```
                                        stdin = subprocess.PIPE,
                                        stdout = subprocess.PIPE,
                                        stderr = subprocess.PIPE, )
        if not interactive:
            stdout, stderr = await asyncio.wait_for(proc. communicate(),
            self.timeout)

            if proc.returncode != 0:
                raise ProcessError(proc.returncode, stderr)

            return proc, stdout, stderr
        else:
            return proc, proc.stdout, proc.stderr

def command(* args, interactive = False, *    kwargs):
    def outer(f):
        cmd = f.__name__
        for key, value in kwargs.items()
            if sys.platform.startswith(key) and value:
                cmd = value

        if inspect.isasyncgenfunction(f):
            @wraps(f)
            async def wrapper(connection, * args):
                proc, stdout, stderr = await connection.
                run(shutil.which(cmd), * args, interactive = interactive)

                async for value in f(proc, stdout, stderr):
                    yield value

        else:
            @wraps(f)
            async def wrapper(connection, * args):
                proc, stdout, stderr = await connection.
                run(shutil.which(cmd), * args,
                interactive = interactive)
                return await f(proc, stdout, stderr)

        return wrapper

    if not args:
        return outer
    else:
        return outer(* args)

@command(win32 = "dir")
async def ls(proc, stdout, stderr):
    for line in stdout.decode("utf - 8").splitlines():
```

```
        yield line

@command(win32 = "tasklist", interactive = True)
async def top(proc, stdout, stderr):
    c = itertools.count()

    async for value instdout:
        if next(c) >1000:
            break
        print(value)

async def main():
    con = Connection()
    try:
        async for line in ls(con):
            print(line)
        await top(con)

    except Exception as err:
        logging.error(err)

if sys.platform = = "win32":
    asyncio.set_event_loop_policy(asyncio.
    WindowsProactorEventLoopPolicy())

asyncio.run(main())
```

工作原理

假设

请注意,这段代码对你的机器上的 OpenSSH 客户端做了假设。它假设你的机器上正在运行 OpenSSH 守护进程,并且 OpenSSH 服务器通过你在 SSH 配置中配置的证书进行身份验证。它忽略了第一次创建新的连接可能需要提供指纹信息的有效性确认。

首先,我们需要安装一个 OpenSSH 客户端(如果你的系统上还没有安装的话)。你可以从 https://www.OpenSSH.com/ portable.html 安装 OpenSSH。

* 在 MacOS X 系统上,我们建议使用 brew: brew install OpenSSH;
* 在 Linux 系统上,你应该使用你选择的包管理器,类似这样:apt-get install OpenSSH;
* 在 Windows 系统上,你可以使用 Chocolatey: choco install OpenSSH。

导入

首先我们导入需要用的模块：

```
import asyncio
import inspect
import logging
import shutil
import subprocess
import sys
import itertools
from functools import wraps
import getpass

logging.basicConfig(level = logging.INFO)
```

定义异常

然后我们定义一些可能在程序内部发生的异常类：

```
class NotFoundError(BaseException):
    pass
```

如果用户没有在其系统上安装 OpenSSH 客户端就会引发此异常：

```
class ProcessError(BaseException):
    def __init__(self, return_code, stderr):
        self.return_code = return_code
        self.stderr = stderr

    def __str__(self):
        return f"Process returned non 0 return code {self. return_code}. \n" \
            f"{self.stderr.decode('utf - 8')}"
```

这个异常会在返回一个非零代码时触发，该代码表示错误代码。接下来，我们编写一个简单的辅助函数来获取 OpenSSH 客户端的路径。如果它不能获取到 OpenSSH 客户端的路径，就会引发我们定义的 NotFoundError。

```
def get_ssh_client_path():
    executable = shutil.which("ssh")
    if not executable:
        raise NotFoundError("Could not find ssh client. You can install OpenSSH
        from https://www.OpenSSH.com/portable. html. \nOn Mac OSX we recommend
```

```
           using brew: brew install OpenSSH. \nOn Linux systems you should use the
           package manager of your choice, like so: apt - get install OpenSSH \nOn win-
           dows you can use Chocolatey: choco install OpenSSH.")
      return executable
```

定义一个连接类

连接类封装了我们需要的信息的一个简单子集,以便将 OpenSSH 客户端封装成一个可以工作的最小封装器。连接类捕获的信息包括:

- 用户(user)
- 主机(host)
- 端口(port)
- 超时(timeout)
- 到 OpenSSH 客户端的路径

```
    class Connection:
        def __init__(self, user = None, host = "127.0.0.1", port = 22,
        timeout = None, ssh_client = None):
            self.host = host
            self.port = port
            if not user:
                user = getpass.getuser()
            self.user = user
            self.timeout = timeout
            if not ssh_client:
                ssh_client = get_ssh_client_path()
            self.ssh_client = ssh_client
```

连接类接收一个方法,该方法会运行传递给它的命令,包含指定的用户、主机、端口、超时和解释器参数。

注意:如果你运行 top 这样的交互式程序,可能会遇到问题,因为等待 process.communi-cation()协程将阻塞,直到它引发超时。交互标志的目的是返回 stdout 和 stderr 管道,而不是等待 process.communication()为我们读取它们。

在这种情况下,因为程序的返回码不明确,所以我们不检查它!

```
async def run(self, * cmds, interactive = False):
    commands = [self.ssh_client,
                f"{self.user}@ {self.host}",
                f" -p {self.port}",
                * cmds]
    logging.info(" ".join(commands))
        proc = await asyncio.create_subprocess_exec(* commands,
                                            stdin = subprocess.PIPE,
                                            stdout = subprocess.PIPE,
                                            stderr = subprocess. PIPE, )

        if not interactive:
            stdout, stderr = await asyncio.wait_for(proc.
            communicate(), self.timeout)

            if proc.returncode ! = 0:
                raise ProcessError(proc.returncode, stderr)

            return proc, stdout, stderr
        else:
            return proc, proc.stdout, proc.stderr
```

定义一个命令装饰器

命令封装器在操作系统可操作性和寻找可执行文件的正确路径方面做了大量的工作。

我们可以将 sys.platform 的名称 win32、darwin、linux 或 cygwin 作为关键字参数键传递,以为目标平台提供命令别名。

命令名默认为函数名。交互标志被传递给 connection.run,它的用途和语义在上面代码中已经定义。

我们需要为封装器区分异步生成器和协程,因为我们可能需要在我们的命令函数中使用 yield 关键字。

这些命令应该有一个签名,该签名可以接收一个流程实例和一个 stdout/stderr 缓冲区(字节码),或者一个可以根据交互标志以特定的顺序按行查询的异步生成器:

```
def command(* args, interactive = False, * * kwargs):
    def outer(f):
        cmd = f.__ name __
```

```
    for key, value in kwargs.items():
        if sys.platform.startswith(key) and value:
            cmd = value

    if inspect.isasyncgenfunction(f):
        @wraps(f)
        async def wrapper(connection, *args):
            proc, stdout, stderr = await connection.
            run(shutil.which(cmd), *args,
            interactive = interactive)

            async for value in f(proc, stdout, stderr):
                yield value
    else:
        @wraps(f)
        async def wrapper(connection, * args):
            proc, stdout, stderr = await connection.
            run(shutil.which(cmd), * args,
            interactive = interactive)
            return await f(proc, stdout, stderr)

    return wrapper
```

这部分是为了让我们在默认选项满足需求的情况下可以使用@command 或@command()。

```
if not args:
    return outer
else:
    return outer(* args)
```

远程命令示例

我们定义了两个远程命令示例。一个是 ls 命令，它等价于 Windows 系统的 dir 命令，因此我们用 win32 作为键将它传递给命令装饰器。

```
@command(win32 = "dir")
async def ls(proc, stdout, stderr):
    for line in stdout.decode("utf-8").splitlines():
        yield line
```

我们还展示了一个交互式程序 top 的例子。

注意：在 Windows 系统中没有与 top 等价的非 GUI 程序（据我们所知），所以我们使用了与 ps 类似的 tasklist。

由于调用 process.communication 会阻塞，因此我们在 stdout 流上异步迭代 1 000 行：

```
@command(win32 = "tasklist", interactive = True)
async def top(proc, stdout, stderr):
    c = itertools.count()
    async for value in stdout:
        if next(c) >1000:
            break
        print(value)
```

调用命令

这就是我们调用命令的方式。我们将连接实例传递给它们，如果它们是协程，就等待它们；如果它们是异步生成器，则通过 async for 使用它们：

```
async def main():
    con = Connection()
    try:
        async for line in ls(con):
            print(line)

        await top(con)

    except Exception as err:
        logging.error(err)
```

这一部分是必需的，因为 asyncio 默认的 SelectorEventLoop 在 Windows 系统上未提供子进程支持：

```
if sys.platform = = "win32":
    asyncio.set_event_loop_policy(asyncio.
    WindowsProactorEventLoopPolicy())

asyncio.run(main())
```

10

防止常见的 asyncio 错误

asyncio 在使用时也会伴随着各种错误。例如,你可能忘记等待协程、编写了阻塞时间太长的代码或者遇到数据竞争和死锁。错误可能发生在被调度的任务、协程和事件循环中。所有这些——除了学习新 API 和概念(如协程和事件循环)的复杂性之外——都有可能让人们对使用 asyncio 望而却步。在本章中,我们将介绍常见的错误发生位置和如何查明它们、处理异常的标准 asyncio 方式,以及在没有相应的 asyncio API 可用时如何创建自己的解决方案。

处理 asyncio 相关异常

问题

在本例中,我们找到了在不同的 asyncio 相关场景中可以但不一定截获异常的地方。

解决方案 1

与往常一样,异常可能从业务代码和第三方库中冒出来,一直到被调用者。异常是沿着调用者链上升到最外层框架的。由于 asyncio 引入了调度函数和协程调用的新方法,在哪里处理各自的异常就不再那么简单了。在这个解决方案中,我们介绍如何在协程中处理异常。

```
import asyncio
```

```
import sys

class MockException(Exception):
    def __init__(self, message):
        self.message = message

    def __str__(self):
        return self.message

async def raiser(text):
    raise MockException(text)

async def main():
    raise MockException("Caught mock exception outside the loop."
    The loop is not running anymore.")

try:
    asyncio.run(main())
except MockException as err:
    print(err, file=sys.stderr)

async def main():
    await raiser("Caught inline mock exception outsidethe loop."
    "The loop is not running anymore.")

try:
    asyncio.run(main(), debug=True)
except MockException as err:
    print(err, file=sys.stderr)

async def main():
    try:
        await raiser("Caught mock exception raised in an
                      awaited coroutine outside the loop."
                      "The loop is still running.")
    except MockException as err:
        print(err, file=sys.stderr)

asyncio.run(main(), debug=True)
```

工作原理

我们把解决方案 1 和解决方案 2 分别用于不同的异常处理,前者解决由协程引发的异常,而后者解决在 loop.call_* 方法内引发的异常,后者解决协程引发的异常。

用于协程的解决方案很简单。如果要处理异常,那么需要使用 try-except 语句块来保护

等待。如果不进行处理,异常将出现在启动事件循环(asyncio.run 或更低级的机制)的
代码中。第一部分定义了一个简便的 Exception 类,它让错误打印更加容易:

```
import asyncio
import sys

class MockException(Exception):
    def __init__(self, message):
        self.message = message

    def_str_(self):
        return self.message
```

我们还定义了一个协程,当我们在两次等待之间出现异常时就引发 MockException:

```
async def raiser(text):
    raise MockException(text)
```

然后,我们运行 main 方法展示一些内联异常引发:

```
async def main():
    raise MockException("Caught mock exception outside the loop.
    The loop is not running anymore.")
```

我们决定从外部捕获异常,不过有个缺点是事件循环不再运行:

```
try:
    asyncio.run(main())
except MockException as err:
    print(err, file = sys.stderr)
```

由于以内联方式捕获异常是很简单的,因此我们没有演示这种情况,而是展示更有趣的使
用内联 try-except 语句块的链式例程的情况:

```
async def main():
    try:
        await raiser("Caught mock exception raised in an
                    awaited coroutine outside the loop."
                    "The loop is still running.")
    except MockException as err:
        print(err, file = sys.stderr)

asyncio.run(main(), debug = True)
```

在这里,我们捕获由父协程内部的 raiser 协程引发的异常。

注意: 在这种情况下,异常处理之后事件循环仍然在运行。关键是我们在等待协程的地方捕获了异常。

解决方案 2

在这个解决方案中,我们将讨论如何处理在 `loop.call_*` 回调函数调度方法中引发的异常。

```python
import asyncio
import sys

class MockException(Exception):
    def __init__(self, message):
        self.message = message

    def __str__(self):
        return self.message

def raiser_sync(text):
    raise MockException(text)

async def main():
    loop = asyncio.get_running_loop()
    loop.call_soon(raiser_sync, "You cannot catch me like this!")
    await asyncio.sleep(3)

try:
    asyncio.run(main(), debug=True)
except MockException as err:
    print(err, file=sys.stderr)

async def main():
    try:
        loop = asyncio.get_running_loop()
        loop.call_soon(raiser_sync, "You cannot catch me like this!")
    except MockException as err:
        print(err, file=sys.stderr)
    finally:
        await asyncio.sleep(3)

asyncio.run(main(), debug=True)
```

```
def exception_handler(loop, context):
    exception = context.get("exception")
    if isinstance(exception, MockException):
        print(exception, file = sys.stderr)
    else:
        loop.default_exception_handler(context)
async def main():
    loop: asyncio.AbstractEventLoop = asyncio.get_running_loop()
    loop.set_exception_handler(exception_handler)
    loop.call_soon(raiser_sync, "Finally caught the loop.call_*
mock exception!")

asyncio.run(main(), debug = True)
```

工作原理

在这个示例中,我们演示了如何捕获由 loop.call_* 方法引起的错误。与解决方案 1 类似,我们定义了我们的样板代码:

```
import asyncio
import sys

class MockException(Exception):
    def __ init __(self, message):
        self.message = message

    def __ str __(self):
        return self.message

def raiser_sync(text):
    raise MockException(text)
```

之后,我们尝试捕获由 loop.call_soon 在不同时间点引发的异常(在 asyncio.run 调用之外和在 loop.call_soon 调用时),但没有成功:

```
async def main():
    loop = asyncio.get_running_loop()
    loop.call_soon(raiser_sync, "You cannot catch me like this!")
    await asyncio.sleep(3)

try:
    asyncio.run(main(), debug = True)
except MockException as err:
    print(err, file = sys.stderr)
```

```
async def main():
    try:
        loop = asyncio.get_running_loop()
        loop.call_soon(raiser_sync, "You cannot catch me like this!")
    except MockException as err:
        print(err, file = sys.stderr)
    finally:
        await asyncio.sleep(3)

asyncio.run(main(), debug = True)
```

捕获 `loop.call_*` 调用的正确方法是通过 `loop.set_ exception_handler` API。我们需要定义一个异常处理程序,它将获得当前运行的事件循环和一个包含以下键-值对的 `dict` 对象:

- `message`: 错误信息
- `exception` (可选的): 异常对象
- `future` (可选的): `asyncio.Future` 实例
- `handle` (可选的): `asyncio.Handle` 实例
- `protocol` (可选的): 协议实例
- `transport` (可选的): 传输实例
- `socket` (可选的): `socket.socket` 实例

我们的简单异常处理程序处理我们定义的所有 MockExceptions,并在其他情况下转发给 `loop.default_exception_handler`。

如果我们认为已经处理了所有非致命的异常情况,那么我们也可以重新引发异常,但这取决于开发人员的需要。

```
def exception_handler(loop, context):
    exception = context.get("exception")
    if isinstance(exception, MockException):
        print(exception, file = sys.stderr)
    else:
        loop.default_exception_handler(context)

async def main():
    loop: asyncio.AbstractEventLoop = asyncio.get_running_loop()
    loop.set_exception_handler(exception_handler)
    loop.call_soon(raiser_sync, "Finally caught the loop.call_*
```

```
        mock exception!")
    asyncio.run(main(), debug = True)
```

发现一个长时间运行的任务

问题

协程是 asyncio 的一等公民。它们使用 Task 对象在事件循环中进行各种操作。如果我们想知道任务运行的具体时间,该怎么办?

解决方案

我们编写了一个 Task 封装器来记录任务的运行时间,并教我们的事件循环创建该类型的实例。

```python
import asyncio
import logging

logging.basicConfig(level = logging.DEBUG)

class MonitorTask(asyncio.Task):
    def __init__(self, coro, *, loop):
        super().__init__(coro, loop = loop)
        self.start = loop.time()
        self.loop = loop

    def __del__(self):
        super(MonitorTask, self).__del__()
        self.loop = None

    def __await__(self):
        it = super(MonitorTask, self).__await__()

        def awaited(self):
            try:
                for i in it:
                    yield i
            except BaseException as err:
                raise err
            finally:
                try:
```

```
                logging.debug("% r took % s ms to run", self, self.loop.time()
                    - self.start)
            except:
                logging.debug("Could not estimate endtime of %r")

        return awaited(self)

    @staticmethod
    def task_factory(loop, coro):
        task = MonitorTask(coro, loop = loop)
        # 回溯信息(traceback)被截断以隐藏 asyncio 中的内部调用,只显示来自用户代码的
        回溯信息
        if task._source_traceback:
            del task._source_traceback[-1]
        return task

async def work():
    await asyncio.sleep(1)

async def main():
    loop = asyncio.get_running_loop()
    loop.set_task_factory(MonitorTask.task_factory)
    await asyncio.create_task(work())

asyncio.run(main(), debug = True)
```

工作原理

首先,我们创建一个 MonitorTask 子类,在里面存储事件循环。为了避免循环引用,我们在 __ del __ 方法中将事件循环设置为 None:

```
class MonitorTask(asyncio.Task):
    def __ init __(self, coro, * , loop):
        super().__ init __(coro, loop = loop)
        self.start = loop.time()
        self.loop = loop

    def __ del __(self):
        super(MonitorTask, self).__ del __()
        self.loop = None
```

之后,我们覆盖 __ await __ 函数,以便能够在任务完全消耗之后调用我们的计时逻辑。为此,我们等待通过父类调用返回的可等待对象并重新引发可能发生的所有异常。使用 finally 语句块,我们可以可靠地确定等待任务的时间:

```
def __await__(self):
    it = super(MonitorTask, self).__await__()

    def awaited(self):
        try:
            for i in it:
                yield i
        except BaseException as err:
            raise err
        finally:
            try:
                logging.debug("%r took %s ms to run", self,
                    self.loop.time() - self.start)

            except:
                logging.debug("Could not estimate endtime of %r")

    return awaited(self)
```

注意：for i in it: yield i 语法与 yield from 语句是等效的，但是与 yield from 不同的是，它可以在没有用 asyncio.coroutine 装饰的函数中按语法使用。

最重要的部分可以说是任务工厂。它创建 MonitorTask 对象并截断了回溯信息，因此输出结果只会显示用户代码信息：

```
@staticmethod
def task_factory(loop, coro):
    task = MonitorTask(coro, loop=loop)
    # 回溯信息被截断以隐藏 asyncio 中的内部调用，只显示来自用户代码的回溯信息
    if task._source_traceback:
        del task._source_traceback[-1]
    return task
```

之后，我们通过 loop.set_task_factory 在事件循环上设置我们的任务工厂并用 asyncio.create_task 创建一个任务。

调用 work()的时间将通过 logging 模块记录在日志中。

```
async def work():
    await asyncio.sleep(1)
```

```
async def main():
    loop = asyncio.get_running_loop()
    loop.set_task_factory(MonitorTask.task_factory)
    await asyncio.create_task(work())

asyncio.run(main(), debug=True)
```

对于更复杂的指令,我们可以用 asyncio.Task 的方法,包括 asyncio.Task.print_stack 或 asyncio.Task.get_stack。

发现一个长时间运行的回调函数

问题

为如发现长时间运行的回调函数这样的日常用例编写自定义任务类是非常复杂的。

解决方案

我们可以用一个简单得多的 API 来发现长时间运行的回调函数(通过 loop.call_* 调度)。asyncio 在其事件循环中原生地提供了 slow_callback_duration 属性以达到和上一个示例相同的效果,如下面代码所示。

```
import asyncio
import time

def slow():
    time.sleep(1.5)

async def main():
    loop = asyncio.get_running_loop()
        # 如果调用时间超过 1 s,这将打印一条调试信息
    loop.slow_callback_duration = 1
    loop.call_soon(slow)

asyncio.run(main(), debug=True)
```

工作原理

使用 loop.slow_callback_duration 属性,我们可以控制在哪个阈值(以秒为单位),事件循环将为长时间运行的回调函数打印回溯信息。这个示例将通知我们,我们的 slow()

回调超出了阈值并在 `stderr` 上打印出信息。

构建一个协程调试宏库

问题

利用我们学到的在 asyncio 中如何处理错误的知识,我们想编写一个小型库来帮助我们在协程中发生异常时找到异常。

解决方案

为了解决这个问题,我们将在三个实例中使用 pdb 模块:

- 在围绕所有未捕获的异常的 `except` 子句中注入 `pdb.post_mortem`;
- 在调用之前注入 `pdb.set_trace`;
- 在调用之后注入 `pdb.set_trace`。

我们的调试宏库的设计目标是:

- 不能侵占我们的代码,也就是说尽可能少写一些用于调试的代码;
- (实际上)不会影响执行速度,如果我们没有启用调试机制以避免混淆与时间相关的错误。

```python
import argparse
import inspect
import os
import pdb
from functools import wraps
import asyncio

def get_asyncio_debug_mode_parser():
    parser = argparse.ArgumentParser()
    parser.add_argument("--asyncio-debug", action="store_true",
    dest="__asyncio_debug__", default=False)
    return parser

def is_asyncio_debug_mode(parser=get_asyncio_debug_mode_parser()):
    return parser and parser.parse_args().__asyncio_debug__ or
    os.environ.get("CUSTOM_ASYNCIO_DEBUG")
```

```
        __asyncio_debug__ = is_asyncio_debug_mode()
    def post_mortem(f):
        if not __asyncio_debug__:
            return f

        if inspect.isasyncgenfunction(f):
            @wraps(f)
            async def wrapper(*args, **kwargs):
                try:
                    async for payload in f(*args, **kwargs):
                        yield payload
                except BaseException as err:
                    pdb.post_mortem()
                    raise err

        else:
            @wraps(f)
            async def wrapper(*args, **kwargs):
                try:
                    return await f(*args, **kwargs)
                except BaseException as err:
                    pdb.post_mortem()
                    raise err

        return wrapper

    def pre_run(f):
        if not __asyncio_debug__:
            return f

        if inspect.isasyncgenfunction(f):
            @wraps(f)
            async def wrapper(*args, **kwargs):
                pdb.set_trace()
                async for payload in f(*args, **kwargs):
                    yield payload

        else:
            @wraps(f)
            async def wrapper(*args, **kwargs):
                pdb.set_trace()
                return await f(*args, **kwargs)

        return wrapper

    def post_run(f):
        if not __asyncio_debug__:
```

```
            return f
    if inspect.isasyncgenfunction(f):
        @wraps(f)
        async def wrapper(*args, **kwargs):
            async for payload in f(*args, **kwargs):
                yield payload
            pdb.set_trace()
    else:
        @wraps(f)
        async def wrapper(*args, **kwargs):
            result = await f(*args, **kwargs)
            pdb.set_trace()
            return result
    return wrapper

@post_mortem
async def main():
    raise Exception()

asyncio.run(main())
```

工作原理

我们将使用一个可以通过命令行参数 -- asyncio - debug 或者环境变量 CUSTOM_
ASYNCIO_DEBUG 来启用的装饰器解决方案,我们将其保存在一个名为__asyncio_debug
__的新标志中。

为此,我们定义了两个辅助方法,它们提供了必要的解析器并按照列出的顺序检查命令行
参数/环境变量:

```
def get_asyncio_debug_mode_parser():
    parser = argparse.ArgumentParser()
    parser.add_argument("- - asyncio - debug", action = "store_true",
    dest = "__asyncio_debug__", default = False)
    return parser

def is_asyncio_debug_mode(parser = get_asyncio_debug_mode_parser()):
    return parser and parser.parse_args().__asyncio_debug__ or
    os.environ.get("CUSTOM_ASYNCIO_DEBUG")
```

注意：有一个名为 __ debug __ 的 Python 内置常量。它是一个全局可访问的只读常量，用于实现 assert(断言)机制。它默认为 True，可以通过 Python 解释器标志 - O 将其设置为 False。我们决定不使用这个机制，因为许多第三方库会错误地将 assert 语句用于生产代码中的不变量。因此，使用 - O 标志这种机制会使代码不可用。

我们通过 is_asyncio_ debug_mode 调用来初始化 __ asyncio_debug __ 全局常量：

```
__ asyncio_debug __ = is_asyncio_debug_mode()
```

然后，我们编写一个带 __ asyncio_debug __ 标志的协程/异步生成器装饰器。本质上，它会捕获所有迄今未捕获的异常，并使用 pdp.post_mortem 为我们提供一个命令行环境，进入抛出 BaseException 子类实例的协程。

如果 __ asyncio_debug __ 为 False 就返回协程：

```
def post_mortem(f):
    if not __ asyncio_debug __:
        return f
```

对于异步生成器函数，我们用 async for 来委托它并用带 pdb.post_ mortem 调用函数的 try-except 语句块封装它。

我们重新引发异常以避免操作协程的行为。

```
if inspect.isasyncgenfunction(f):
    @wraps(f)
    async def wrapper(*args, **kwargs):
        try:
            async for payload in f(*args, **kwargs):
                yield payload
        except BaseException as err:
            pdb.post_mortem()
            raise err
```

同理，我们以 await 语句来使用协程，不过在遇到异常时调用 pdb.post_mortem()：

```
else:
    @wraps(f)
```

```
async def wrapper(*args, **kwargs):
    try:
        return await f(*args, **kwargs)
    except BaseException as err:
        pdb.post_mortem()
        raise err

return wrapper
```

我们的@pre_run装饰器在使用异步生成器或协程函数之前调用pdb.set_trace。

除此之外,该机制与@post_mortem装饰器的机制相同:

```
def pre_run(f):
    if not __asyncio_debug__:
        return f

    if inspect.isasyncgenfunction(f):
        @wraps(f)
        async def wrapper(*args, **kwargs):
            pdb.set_trace()
            async for payload in f(*args, **kwargs):
                yield payload
    else:
        @wraps(f)
        async def wrapper(*args, **kwargs):
            pdb.set_trace()
            return await f(*args, **kwargs)

return wrapper
```

如果我们对使用完协程/异步生成器后的状态感兴趣,可以使用@post_run装饰器。在这里,我们可以看到@post_mortem装饰器的运行:

```
@post_mortem
async def main():
    raise Exception()

asyncio.run(main())
```

这样,我们就进入了引发异常的交互环境中:

```
/tmp/preventing_common_asyncio_mistakes.py(94)main()
- > raise Exception()
```

```
(Pdb)
```

为 asyncio 编写测试

问题

我们不能指望按照程序指令的顺序来并发执行 asyncio 程序。在 asyncio 应用程序中,很容易发生并发访问资源的影响,如竞争条件、与时间相关的现象等,而且还不能被"不知道"(not aware)协程的测试指标覆盖到。

解决方案

在本章的上下文中,术语"软件测试"(software-testing)是指"能够确定地断言其他软件的行为与指定的一致"。软件测试可以在多个级别上进行,如下所示(按测试粒度降序排列):

- 单元测试(unit testing)
- 集成测试(integration testing)
- 系统测试(system testing)

所有测试都有一个共同目标,那就是"确定地断言其他软件的行为与指定的一致"。这里,我们将重点讨论单元测试的角色,因为它是最常见的。

在并发环境中,选择测试必须确保的正确断言显得格外重要。此外,单元测试还规定了并发代码的编写方式。也就是说,不管程序的并发性如何变化,都需要保持不变。例如,测试并发程序的与时间相关的属性对于确保程序的正确性其实没有什么意义。

为了帮助我们完成测试,我们可以使用像 pytest、pytest-asyncio、doctest 和 asynctest 这样的包。在这个解决方案中,我们编写自己的 unittest.TestCase 子类来测试协程。我们还会学习如何处理针对协程的 unittest.mock.patch API,以拦截对 asyncio.sleep 或 stdout 输出的调用。

```
import asyncio
import functools
from io import StringIO
from unittest import TestCase, main as unittest_main
from unittest.mock import patch
```

```
def into_future(arg, *, loop=None):
    fut = (loop or asyncio.get_running_loop()).create_future()
    fut.set_exception(arg) if isinstance(arg, Exception) else \
    fut.set_result(arg)
    return fut

class AsyncTestCase(TestCase):
    def __getattribute__(self, name):
        attr = super().__getattribute__(name)
        if name.startswith('test') and asyncio.
        iscoroutinefunction(attr):
            return functools.partial(asyncio.run, attr())
        else:
            return attr

class AsyncTimer:
    async def execute_timely(self, delay, times, f, *args, **kwargs):
        for i in range(times):
            await asyncio.sleep(delay)
            (await f(*args, **kwargs)) if asyncio.
            iscoroutine(f) else f(*args, **kwargs)

class AsyncTimerTest(AsyncTestCase):

    async def test_execute_timely(self):
        times = 3
        delay = 3

        with patch("asyncio.sleep", return_value=into_future(None)) as
                    mock_sleep, \
                patch('sys.stdout', new_callable=StringIO) as mock_stdout:
            async_timer = AsyncTimer()
            await async_timer.execute_timely(delay, times, print,
            "test_execute_timely")

        mock_sleep.assert_called_with(delay)
        assert mock_stdout.getvalue() == "test_execute_timely\
        ntest_execute_timely\ntest_execute_timely\n"

if __name__ == '__main__':
    unittest_main()
```

工作原理

首先导入相关模块：

```
import asyncio
import functools
```

我们导入 functools 是为了让 TestCase 子类能够运行协程测试方法。

```
from io import StringIO

StringIO will be used to intercept the stdout output.

from unittest import TestCase, main as unittest_main
```

我们导入 TestCase 类从而提供一个异步类,可以测试协程方法。我们还以别名导入了
unittest.main,以便将它放入 if __ name __ = = '__ main __'保护中。每当该类作为
第一个脚本被调用时,我们所有的测试用例都会运行。

```
from unittest.mock import patch
```

我们还导入了 unittest.mock.path 函数,用它来拦截 asyncio.sleep 以及打印到
stdout的所有内容。之后,我们写了一个辅助函数将参数封装到 future 对象中,用来模拟
asyncio.sleep。

```
def into_future(arg, * , loop = None):
    fut = (loop or asyncio.get_running_loop()).create_future()
    fut.set_exception(arg) if isinstance(arg, Exception) else
    fut.set_result(arg)
    return fut
```

unittest 模块的 TestCase 类通过声明名称以"test"开头的同步方法来为单元测试提
供 API。由于目前我们还不能使用协程方法,因此将 TestCase 类子类化,以便能够拦截对
各自测试方法的每个属性的访问。如果用户想要访问名称以"test"开头的 AsyncTest-
Case 类的方法,那么我们需要将所请求的方法封装成一个偏函数(partial),这个偏函数可
以用同步方式调度协程。为此,我们使用 functools.partial,它提供了一个可调用的函
数将协程封装在 asnycio.run 中。

```
class AsyncTestCase(TestCase):
    def __ getattribute __(self, name):
        attr = super().__ getattribute __(name)
        if name.startswith('test') and asyncio.
        iscoroutinefunction(attr):
            return functools.partial(asyncio.run, attr())
```

```
        else:
            return attr
```

接下来,我们编写一个简单的 AsyncTimer 类,对它进行单元测试。该类只有一个名为 ex-ecute_timely 的方法,该方法多次调度一个(协程)函数并在通过 asyncio.sleep 的调用函数之间添加一个延迟。execute_timely 可以接受函数、协程函数以及函数被传递(到预定的协程函数/函数)后的参数。该方法用 times(次数)参数来调整函数/协程函数被调用的频率,用 delay(延迟时间)参数来调整调用延迟的时间。

```
class AsyncTimer:
    async def execute_timely(self, delay, times, f, *args,**kwargs):
        for i in range(times):
            await asyncio.sleep(delay)
            (await f(*args, **kwargs)) if asyncio.
            iscoroutine(f) else f(*args, **kwargs)
```

之后,我们编写一个 AsyncTestCase 子类来测试 AsyncTimer。我们将调用 AsyncTime-rTest 子类。因为我们已经改变了 AsyncTestCase 内部的 __getattribute__ 的行为,以将 AsyncTestCase 类的所有测试协程方法封装成偏函数,所以我们可以在 test_exe-cute_timely 中使用 asyncio.run 与 await 关键字。如果我们在这个文件上调用单元测试运行器(runner),那么只要在名称前面加上 test 就可以执行测试。

```
class AsyncTimerTest(AsyncTestCase):
    async def test_execute_timely(self):
        times = 3
        delay = 3
```

我们用正确的名称来声明类和测试协程方法,并设置两个变量以确定被传递的(协程)函数的调度频率和时间间隔。

```
with  patch ("asyncio.sleep", return_value=into_future(None)) as mock_sleep, \
        patch('sys.stdout', new_callable=StringIO) as mock_stdout:
    async_timer = AsyncTimer()
    await async_timer.execute_timely(delay, times, print, "test_execute_
    timely")
```

使用 unittest.mock.path,我们就可以拦截所有对 asyncio.sleep 的调用。为此,我们需要模拟函数的返回值是可等待的,因为 asyncio.sleep 一直在 AsyncTimer.execute_timely 中等待。我们传递的 return_value 是一个空的 future 对象,其中已经设置了结果(在本例中,它是 None,因为 asyncio.sleep 的返回值没有被使用)。为什么?因为当结果在 future 对象上设置后,它会在开始等待时立即返回。最终的行为是等待 asyncio.sleep 的补丁版本使得 await asyncio.sleep 直接返回。然后,我们将 sys.stdout 修改为一个 StringIO 实例。这样,我们就可以拦截每一个打印调用了:

```
mock_sleep.assert_called_with(delay)
assert mock_stdout.getvalue() = = "test_execute_timely \ ntest_execute_timely \
ntest_execute_timely \n"
```

使用模拟对象,我们就可以断言 asyncio.sleep 确实在 **delay** 秒之后被调用,并且 test_execute_timely\ntest_ execute_timely 也会在 stdout 上打印三次。

```
if __ name __ = = '__ main __':
    unittest_main()
```

最后但并非最不重要的是,我们调用了别名的 unittest.main 函数,以更容易地运行单元测试。我们所要做的就是运行这个文件,然后我们的测试用例就会被发现。

为 pytest 编写测试(使用 pytest-asyncio 包)

问题

我们想用更少的样本代码为 asyncio 编写单元测试。

解决方案

Python 3 包含了 unittest 标准库模块,它很好地为我们提供了用 Python 语言编写单元测试的接口。pytest 是一个第三方包,它可以帮助我们用更少的样板代码编写单元测试。我们将使用 pytest 和 pytest-asyncio 创建一个简单的示例来测试协程。

你需要通过你选择的包管理器来安装 pytest。例如,通过 pip 或 pipenv:

```
pip3 install pytest = = 3.8.0
pip3 install pytest - asyncio = = 0.9.0

#或者
```

```
pipenvinstall pytest ==3.8.0
pipenv install pytest - asyncio ==0.9.0

import asyncio
import sys
from types importSimpleNamespace

import pytest

def check_pytest_asyncio_installed():
    import os
    from importlib import util
    if not util.find_spec("pytest_asyncio"):
        print("You need to install pytest - asyncio first!", file = sys.stderr)
        sys.exit(os.EX_SOFTWARE)
async def return_after_sleep(res):
    return await asyncio.sleep(2, result = res)

async def setattr_async(loop, delay, ns, key, payload):
    loop.call_later(delay, setattr, ns, key, payload)

@pytest.fixture()
async def loop():
    return asyncio.get_running_loop()

@pytest.fixture()
def namespace():
    return SimpleNamespace()

@pytest.mark.asyncio
async def test_return_after_sleep():
    expected_result = b'expected result'
    res = await return_after_sleep(expected_result)
    assert expected_result == res

@pytest.mark.asyncio
async def test_setattr_async(loop, namespace):
    key = "test"
    delay = 1.0
    expected_result = object()
    await setattr_async(loop, delay, namespace, key, expected_ result)
    await asyncio.sleep(delay)
    assert getattr(namespace, key, None) is expected_result

if __ name __ == '__ main __':
    check_pytest_asyncio_installed()
    pytest.main(sys.argv)
```

工作原理

我们定义了一个辅助函数来断言我们已经安装了 pytest-asyncio 插件：

```
def check_pytest_asyncio_installed():
    import os
    from importlib import util
    if not util.find_spec("pytest_asyncio"):
        print("You need to install pytest-asyncio first!", file=sys.stderr)
        sys.exit(os.EX_SOFTWARE)
```

通过 importlib 包就可以检查 pytest_asyncio 模块是否已经被安装。

然后，我们定义需要测试的协程函数：

```
async def return_after_sleep(res):
    return await asyncio.sleep(2, result=res)

async def write_async(loop, delay, ns, key, payload):
    loop.call_later(delay, setattr, ns, key, payload)
```

@pytest.fixture 装饰器允许我们在每次运行时向测试函数注入参数。

使用 pytest-asyncio 模块后，它也支持协程函数：

```
@pytest.fixture()
async def loop():
    return asyncio.get_running_loop()
```

由于它在一个运行的事件循环上下文中运行，因此我们可以通过 asyncio.get_running_loop 来查询运行的循环，并将其注入我们的测试函数中。我们的第一个简单测试断言是函数的结果值等于给定的输入值：

```
@pytest.mark.asyncio
async def test_return_after_sleep():
    expected_result = b'expected result'
    res = await return_after_sleep(expected_result)
    assert expected_result == res
```

接下来，我们确保 write_async 函数在指定延迟时间的情况下确实异步地设置了一个属性。为了等待延迟，我们使用 asyncio.sleep 而不是 time.sleep 以免阻塞协程。在延迟时间之后，我们断言属性确实被设置了。

```
@pytest.mark.asyncio
async def test_setattr_async(loop, namespace):
    key = "test"
    delay = 1.0
    expected_result = object()
    await setattr_async(loop, delay, namespace, key, expected_result)
    await asyncio.sleep(delay)
    assert getattr(namespace, key, None) is expected_result
```

为了让示例更容易执行,我们定义了一个方便脚本使用的__ main __钩子:

```
if __ name __ == '__ main __':
    check_pytest_asyncio_installed()
    pytest.main(sys.argv)
```

为 asynctest 编写测试

问题
这个示例解决了一个问题,即确认你的协程是否正在被等待以及使用了哪些参数。

解决方案
经验丰富的 Python 开发人员都知道,标准库模块 unittest 提供了一个补丁上下文管理器,它可以帮助模拟对象和函数。第三方模块 asynctest 也提供了一个 CoroutineMock 对象(以及其他特性),我们可以使用它将协程与 unittest 模拟 API 集成在一起。对于本例,你需要通过你选择的包管理器(如 pip 或 pipenv)来安装 asynctest:

```
pip3 install asynctest = =0.12.2
pip3 install asynctest = =0.12.2

#或者

pipenvinstall asynctest = =0.12.2
pipenv install asynctest = =0.12.2
```

使用 asynctest 模块的 CoroutineMock 对象和 unittest 模块的模拟上下文管理器,我们可以拦截对我们的协程对象及其返回值的调用。

```
import sys
```

```python
from unittest.mock import patch

import asynctest
import pytest

def check_pytest_asyncio_installed():
    import os
    from importlib import util
    if not util.find_spec("pytest_asyncio"):
        print("You need to install pytest - asyncio first!", file = sys.stderr)
        sys.exit(os.EX_SOFTWARE)

async def printer(*args, printfun, **kwargs):
    printfun(*args, kwargs)

async def async_printer(*args, printcoro, printfun, **kwargs):
    await printcoro(*args, printfun = printfun, **kwargs)

@pytest.mark.asyncio
async def test_printer_with_print():
    text = "Hello world!"
    dict_of_texts = dict(more_text = "This is a nested text!")

    with patch('builtins.print') as mock_printfun:
        await printer(text, printfun = mock_printfun, **dict_of_ texts)
        mock_printfun.assert_called_once_with(text,dict_of_ texts)

@pytest.mark.asyncio
async def test_async_printer_with_print():
    text = "Hello world!"
    dict_of_texts = dict(more_text = "This is a nested text!")
    with patch('__ main __.printer', new = asynctest. CoroutineMock())
    as mock_printfun:
        await async_printer(text, printcoro = mock_printfun, printfun = print,
        **dict_of_texts)
        mock_printfun.assert_called_once_with(text, printfun = print,
        **dict_of_texts)

if __ name __ == '__ main __':
    check_pytest_asyncio_installed()
    pytest.main(sys.argv)
```

工作原理

这里跳过 check_pytest_asyncio_installed 辅助函数,因为我们已经在上一节的示例
中定义过它。首先,我们定义要被测试的协程函数。

注意：我们设计辅助协程函数是为了说明如何使用 asynctest.CoroutineMock,对于其他目的来说它们未必适用。

这里,我们基本上几乎原封不动地将所有参数传递给 printfun(除了没有解包 kwargs):

```
async def printer(*args, printfun, **kwargs):
    printfun(*args, kwargs)
```

async_printer 的模拟如下：

```
async def async_printer(*args, printcoro, printfun, **kwargs):
    await printcoro(*args, printfun=printfun, **kwargs)
```

从上一节中我们知道,我们可以在 pytest 中使用 pytest-asyncio 插件运行协程测试函数：

```
@pytest.mark.asyncio
async def test_printer_with_print():
    text = "Hello world!"
    dict_of_texts = dict(more_text = "This is a nested text!")
```

使用 unittest.patch,我们就可以模拟 print 内置函数。使用 builtins.print 标识符,我们就可以使用 builtins 模块中存储的实例并将其(而不是 print)作为 printfun 参数进行传递。

mock_printfun 是一个代理对象,它将调用函数委托给原始实现并开放一些方法,我们可以使用这些方法来查看调用函数内部发生了什么。例如,我们使用 mock.assert_called_once_with 方法来查看 mock_printfun 是否确实像我们预期的那样传递了参数：

```
with patch('builtins.print') as mock_printfun:
    await printer(text, printfun=mock_printfun, **dict_of_texts)
    mock_printfun.assert_called_once_with(text, dict_of_texts)
```

我们可以在协程中进行类似的检查,通过将 asynctest.CoroutineMock 实例传递给 patch 函数来检查参数是否被正确传递：

```
with patch('__main__.printer', new=asynctest.CoroutineMock())
    as mock_printfun:
```

注意：我们之所以要将打印函数命名为＿＿ main ＿＿.printer，是因为我们已经在与用于运行的脚本相同的文档中定义了这个函数。

在等待 async_printer 之后，我们可以检查修补过的 mock_printfun 协程是否确实以正确的参数被调用：

```
await async_printer(text, printcoro =mock_printfun,
printfun =print, **dict_of_texts)
        mock_printfun.assert_called_once_with(text,
        printfun =print, **dict_of_texts)
```

asynctest.CoroutineMock 开放了更多的 API，你可以访问 GitHub 官方页面（https://github.com/Martiusweb/asynctest）进行查询。

为 doctest 编写测试

问题

我们想在 Python 文档字符串（docstring）中内联编写交互式测试。

解决方案

doctest 是 Python 标准库中的一个简洁工具，但在 Python 开发人员中并不是很流行。它提供了一个在 Python 文档字符串中内联编写交互式测试的方便接口。根据官方文档描述，它有三种用途：

- 检查模块的文档字符串是否为最新版；
- 执行回归测试；
- 为一个包编写交互式教程文档。

在这个解决方案中，我们将用 doctest 模块测试一个 complicated 函数。

```
async def complicated(a,b,c):
    """
    >>> import asyncio
```

```
>>> asyncio.run(complicated(5,None,None))
True
>>> asyncio.run(complicated(None,None,None))
Traceback (most recent call last):
    ...
ValueError: This value: None is not an int or larger than 4
>>> asyncio.run(complicated(None,"This","will be printed out"))
This will be printed out

:param a: This parameter controls the return value
:param b:
:param c:
:return:
"""
if isinstance(a,int) and a > 4:
    return True
elif b and c:
    print(b,c)
else:
    raise ValueError(f"This value: {a} is not an int or larger than 4")

if __name__ == "__main__":
    import doctest
    doctest.testmod()
```

工作原理

由于 doctest 模仿了一个交互式解释器，因此我们不能在其中使用 awaits。不过，我们可以在任何需要等待的地方使用 asyncio.run。

首先，我们导入 asyncio：

```
"""
>>> import asyncio
```

然后，我们使用 asyncio.run 调度协程并（因为它已经产生了返回值）在下一行中写入结果：

```
>>> asyncio.run(complicated(5,None,None))
True
```

对于异常，我们编写如下代码：

```
Traceback (most recent call last):
    ...
```

异常的表示（由__ repr __给出）如下：

```
ValueError: This value: None is not an int or larger than 4
```

最后一个重要的部分是一些简便代码,用于运行文件的文档测试,如果它们作为脚本运行的话:

```
if __ name __ = = "__ main __":
    import doctest
    doctest.testmod()
```

附录 A　设置开发环境

选择正确的工具来使用 asyncio 是非常重要的,因为它会显著影响 asyncio 的可用性和性能。在本附录中,我们将介绍影响你的 asyncio 体验的解释器版本和打包选项。

解释器

不同解释器的 API 版本在声明协程的语法以及考虑 API 使用的建议方面都有差异。(例如,对于 Python 3.6 以上版本的 API 来说,传递事件循环参数的方式已经被废弃,而在 Python 3.7 中实例化事件循环只允许在极少数情况下发生。)

可用性

不同版本的 Python 解释器都在不同程度上遵守了可用性标准。这是因为它们都是由 PSF (Python Software Foundation,Python 软件基金会)管理的 Python 语言规范的实现/表现形式。

在撰写本书时,有三个相关的解释器可以开箱即用地支持 asyncio 的至少一部分功能:CPython、MicroPython 和 PyPy。

由于理想情况下我们希望能使用 asyncio 的完整或部分完整的功能实现,因此我们的选择仅限于 CPython 和 PyPy 版本。这两种产品都有非常棒的社区。

由于理想情况下我们使用了很多强大的 stdlib 特性,因此不可避免地会出现给定解释器在 Python 规范方面存在实现完整性问题。

由于 CPython 解释器是语言规范的参考实现,因此它遵循语言规范中最多的功能。在撰写本书时,CPython 的目标 API 版本是 3.7。

PyPy 紧随其后,但它是一个第三方实现,因此采用新特性的速度稍慢。在撰写本书时,PyPy 的目标 API 版本是 3.5(或者只在 alpha 版)。

性能

由于 asyncio 依赖于解释器实现,因此 CPython 和 F   会产生很大的性能差异。例如,使用 aiohttp(一个用于通过 HTTP 协议交互的 asyncio   )并在 PyPy 上运行的程序在第 4 秒后每秒钟的请求数高达运行在 CPython 上的实例的   倍。

总结

为了适应本书内容,我们优先考虑功能的完整性。因此,我们使用 CPython 3.7.0 发行版。你可以在以下地址找到与你的操作系统环境相匹配的解释器:

> https://www.python.org/downloads/release/python-370/

如果需要进行二次安装,可以参考本附录的剩余内容。

环境配置

在撰写本书时,大多数 *nix 操作系统都已附带 Python。但是,系统已安装版本可能无法满足我们的需要。

对于 3.7 之前的版本也有一些担忧。3.3 ~ 3.4 版开放了一个基于装饰器的 API,用于声明协程并将控制权交还给事件循环。

正如更新日志所指出的,在 3.7.0 版中包含了一些修复程序,解决了以下严重问题:

- bpo-33674:修复了 asyncio.sslproto 的 SSLProtocol.connection_made() 中的竞争条件,即立即开始握手,而不是使用 call_soon() 延迟握手。在此之前,可以在握手开始之前调用 data_received(),从而导致握手挂起或失败。
- bpo-32841:修复了一个 asyncio.Condition 问题,在通知并取消一个条件锁后,它会悄无声息地忽略取消。

- bpo-32734:修复了一个 asyncio.Lock()安全问题,它允许多次获取和锁定同一个锁,持续不释放。
- bpo-26133:在解释器关闭时,不要在 asyncio UNIX 事件循环中取消订阅信号。
- bpo-27585:修复了 asyncio.Lock 中的等待者取消功能。
- bpo-31061:修复了使用 asyncio 和线程时崩溃的问题。
- bpo-30828:修复了 asyncio.CFuture.remove_done_callback()中越界写操作的问题。

Windows

Windows 操作系统默认没有安装一个 Python 版本。Python 2 支持也需要更新版本的 Python 2 和 Windows:

"……在 2.5 版之前,Python 仍然兼容 Windows 95、Windows 98 和 Windows ME(但已经在安装时发出了弃用警告)。对于 Python 2.6(以及之后的所有版本),这个支持被取消了,Python 2 新版本需要在 Windows NT 系列上运行……"

来源:https://docs.python.org/2/using/windows.html。

对于 Python 3,官方说明如下:

"正如在 PEP 11 中指定的,Python 发行版仅支持 Microsoft 仍在进行更新的 Windows 平台。也就是说,Python 3.6 需要 Windows Vista 和更新版本。如果你需要 Windows XP 支持,那么请安装 Python 3.4。"

来源:https://docs.phthon.org/3/using/windows.html。

也就是说,要运行 Python 3.7.0,你需要运行 Windows Vista 及以上版本。

在 Vista 系统上安装 Python 3.7.0

浏览 https://www.python.org/downloads/release/python-370/ 或者找到下面的链接来下载 Windows x86-64 可执行文件:https://www.python.org/ftp/python/3.7.0/python-3.7.0-amd64.exe。

下载完成后,通过以下命令确保 MD5 sums 匹配:

```
CertUtil -hashfile python-3.7.0-amd64.exe MD5
```

如果验证结果与网站上的匹配,则继续安装;否则,请重新下载文件。

根据安装程序进行安装操作并确保将 Python 安装的主文件夹添加到路径中。Python 3.7.0 通常安装在 C:\Python37 文件下。

在 Windows 7 + 上安装 Python 3.7.0

在 Windows7 + 上安装 Python3.6 的推荐方法是使用 Chocolatey。Chocolatey 是一个适用于 Windows7 + 的社区系统包管理器,类似于 Linux 发行版中的 apt-get/pacman/yast2 或 MacOS X 上的 brew。

你可以在以下地址阅读 Chocolatey 的安装程序:

```
https://chocolatey.org/docs/installation
```

要安装 Python 3,我们需要在调用 Chocolatey 时指定正确包,如下所示:

```
choco install python -version 3.7.0
```

一旦 Chocolatey 运行,你应该就可以直接从控制台启动 Python,因为 Chocolatey 会自动将它添加到路径中。

Setuptools 和 Pip

为了能够下载、安装和卸载所有兼容的 Python 软件产品,你需要使用 setuptools 和 pip。这样,安装第三方 Python 包就只需一个命令。另外,只需要做一点点工作,它们就可以让我们在自己的 Python 软件上启用网络安装功能。所有支持的 Python3 版本都包含 pip,因此只需确保它是最新版本即可:

```
python -m pip install -U pip
```

MacOS

MacOS 用户面对的是一个过时的 Python 2.7 版本,我们无法使用 asyncio:

"MacOS X 10.8 附带了苹果公司预装的 Python 2.7。如果你愿意,可以从 Python 网站(ht-tps://www.Python.org)上安装最新版本的 Python 3。目前 Python 的'通用二进制'版本可以在 Mac 的新 Intel 和传统 PPC CPU 上运行。"

来源:https://docs.python.org/3/using/mac.html

这就是说,我们可以在较新的 MacOS X 版本上运行 Python 3.7.0。建议通过 brew 安装 Python 3.7.0,brew 是 MacOS X 的社区系统包管理器,类似于 Linux 发行版中的 apt - get/pacman/yast2。

可以使用 brew 安装我们选择的 Python 发行版。你可以在 https://brew.sh 找到它,或者可以使用以下代码片段安装(在撰写本书时):

```
$ /usr/bin/ruby - e " $ (curl - fsSL https://raw.githubusercontent. com/Home-brew/install/master/install)"
```

确保通过 brew 安装的软件包是你的系统优先识别的软件包:

```
export PATH = "/usr/local/bin:/usr/local/sbin: $ PATH"
```

安装我们选择的 Python 发行版。由于我们想要专门安装 Python 3.7.0,所以只要执行以下操作就会导致不可复制的配置,这是我们想要避免的:

```
$ brew install python
```

我们可以通过以下命令来更明确地引用已提交版本(这将在我们的系统上安装 Python 3.7.0):

```
$ brew install https://raw. githubusercontent. com/Homebrew/ homebrew - core/ 82038e3b6de9d162c7987b8 f2 f60d8 f538591 f15/Formula/ python.rb
```

默认情况下 Python 安装包含了 pip 和 setuptools,所以你就可以直接用了。要测试它,可以执行以下操作:

```
$ which python3
```

将会产生下面的结果:

```
/usr/local/bin/python3
```

执行这行代码：

```
$ python3
```

应该会得到以下结果（除了第二行之外，这取决于你的 Xcode 工具链）：

```
Python 3.7.0 (default, <current date>)
[GCC 4.2.1 Compatible Apple LLVM 8.0.0 (clang-800.0.42.1)] on darwin
Type "help", "copyright", "credits" or "license" for more information.
>>>
```

Linux

Linux 用户可能会发现他们的操作系统上安装了 Python 3 版本。例如，Debian flavors 提供了从 3.3 到 3.5（从 Jessy 到 Stretch）的版本，这些版本对于我们的 asyncio 用例来说都是不能用的。要在 Debian flavors 上安装 CPython 3.7.0 发行版，请添加 deadsnakes ppa 并安装 Python 3.7.0，如下所示：

```
$ sudo apt-get install software-properties-common
$ sudo add-apt-repository ppa:deadsnakes/ppa
$ sudo apt-get update
$ sudo apt-get install python3.7
```

注意：这样会在你的系统上安装 Python 解释器的全局版本。

基于 Debian 的系统有一个 update-alternative（更新备选）机制，你可以使用它来确保系统选择正确的解释器。你可以列出工具的所有可能备选方案，如下所示：

```
$ update-alternatives --list python
```

你可以像下面这样来安装一个新版本：

```
$ update-alternatives --install /usr/bin/python python /usr/bin/python3.7 1
```

其中 1 表示优先级（分数越高表示越重要），/usr/bin/python 是符号链接（symlink）目标。

若要安装 pip,请不要选择由你的系统打包工具提供的版本,而是手动下载,正如官方页面上所描述的那样:

```
curl https://bootstrap.pypa.io/get-pip.py -o get-pip.py python get-pip.py
```

你可以选择通过以下命令随时更新它:

```
pip install -U pip
```

Linux 发行版的测试过程与 MacOS 的相同。

附录 B 事件循环

事件(event)是程序的一部分在一定条件下发出的消息。另一方面,循环(loop)是一种结构,它在一定的条件下完成,并执行一定的程序,直到它完成为止。

因此,事件循环(event loop)是允许订阅事件传输和注册处理程序/回调函数的循环。它让程序能够以异步方式运行。事件循环将它接收到的所有事件委托给它们各自的回调函数。

大多数回调模式的实现都有一个显著的缺点:它们的编程风格引入了大量的嵌套。这是由于同步代码的执行需要遵循其指令的顺序。

因此,为了表示程序的某些部分相互依赖,我们需要对它们进行排序。然而,根据异步结果的不同,目前发展出了以下三种模式:

- 嵌套回调函数,使得内部回调函数可以访问外部回调函数返回的结果(闭包);
- 使用对象作为未来结果(所以称为 *future* 或 *promise*)的代理(proxy);
- 协程,是在事件循环中运行的可暂停的函数。

嵌套回调函数

嵌套回调函数的经验法则是,如果需要等待一个回调函数的返回结果,那么就需要将你的代码嵌入相应的回调中。你很快就会陷入一种被戏称为"回调地狱"(callback hell)的境地中。回调地狱是指由于回调嵌套层级太深,从而导致推理和改进程序成为维护噩梦。

future/promise

future/promise 是封装异步调用的结果和错误处理的对象。

它们最终会提供用来查询结果/异常的当前状态的 API,以及注册回调函数以处理结果/异常的方法。

由于它们封装了异步调用的 future 对象上下文并且需要嵌套,因此产生的程序看起来是用一种更自顶向下的方式编写的。

协程

你可以把协程(coroutine)看作可暂停的(suspendible)函数。

可暂停意味着我们可以在任何给定的点上暂停协程。也就是说,它一定是由某种原子单元(atomic unit)组成的。

这就是我们所说的刻度(tick),可以用于表示和测量。刻度是事件循环的时间单位。它包含在事件循环的一个迭代步骤中发生的所有操作。

协程实际上还会做其他事情:它们会暂停自己并等待另一个协程的结果。

等待背后的所有逻辑都由事件循环协调,因为它知道各个协程的状态。

asyncio 中事件循环的生命周期

asyncio 中事件循环有 4 种状态:

- 空闲(idle)
- 运行(running)
- 停止(stopped)
- 关闭(closed)

你可以通过 4 种事件循环方法与事件循环的生命周期进行交互,这些方法可以分为启动(starting)方法、停止(stopping)方法和关闭(closing)方法。

它们构成了事件循环生命周期接口,所有 asyncio/第三方事件循环都需要提供这些接口以实现兼容性:

- run_forever
- run_until_complete

调用 run_forever 方法不需要参数,而 run_until_complete 方法需要使用一个协程。停止协程我们需要用 stop 方法,而结束协程我们需要用 close 方法。

空闲状态

空闲状态是事件循环创建后的状态。在此状态下,它不能使用任何协程或任何回调函数。

在这种状态下,loop.is_running 返回的值是 False。

运行状态

运行状态是事件循环在调用 loop.run_forever 或 loop.run_until_complete 后的状态。

在这种状态下,loop.is_running 方法返回的值是 True。

两种方法的区别在于,就 loop.run_until_complete 方法而言,协程(作为参数传递给 loop.run_until_complete)被封装在 asyncio.Future 中。

回调函数被注册为 asyncio.Future 对象的处理程序,该对象在协程被完全使用后运行 loop.stop 方法。

停止状态

停止状态是事件循环调用 stop 命令后的状态。

对于 is_running 方法,事件循环不会在调用 stop 方法后返回 False。

任何一批挂起的回调函数都将优先被使用。只有在它们被消耗掉之后,事件循环才会进入空闲状态。

注意：调用 loop.stop 后被调度的回调函数将被忽略/不作安排。不过，当事件循环回到运行状态时，它们就会被执行。

结束状态

事件循环通过调用 close 方法进入关闭状态。只有在事件循环未处于运行状态时才能调用它。asyncio 文档中进一步说明：

"……清除队列并关闭执行程序，但不会等待执行程序完成。它是幂等的（idempotent）和不可逆的（irreversible）。在这个方法之后不应该调用其他方法。"

事件循环的基类

在 Python3 中有两种方式可以传送你的事件循环。抽象事件循环由 asyncio.events 和 asyncio.base_events 模块提供。AbstractEventLoop 和 BaseEventLoop 表示用于一个事件循环实现的两个潜在的类。

AbstractEventLoop

AbstractEventLoop 类定义了异步生态系统中事件循环的接口。接口方法大致可以分为以下几部分：

- 生命周期方法（运行、停止、状态查询和关闭事件循环）
- 调度方法
- 回调函数
- 协程
- future 对象创建
- 线程相关方法
- I/O 相关方法
- 低级 API（套接字、管道命令和读取器/写入器 API）
- 高级 API（服务器、管道命令和子进程相关方法）

- 信号方法

- 调试标志管理方法

这些 API 都是稳定的,可以在手动实现事件循环的情况下进行子类化。

BaseEventLoop

尽管 BaseEventLoop 是更高级的基于组件的类,但由于它的 API 不稳定,因此不建议使用它来创建手动事件循环实现。但是它可以用来指导如何实现一个事件循环。

它的 BaseEventLoop._run_once 方法会在事件循环的每一次循环中被调用,因此包含了一次迭代中所需的所有操作。

它会首先调用所有当前已准备好的回调函数,进行 I/O 轮询,调度产生的回调函数,最后调度 call_later 回调函数。

如果你计划自己实现一个事件循环,那么需要提供一个与之类似的方法。函数的名称和内容只是实现的细节。

事件循环是特定于操作系统的吗?

是的,事件循环是特定于操作系统的。这可能会影响 API 的可用性和事件循环的运行速度。例如,add_signal_handler 和 remove_signal_handler 是只针对 UNIX 系统的事件循环 API。

除了缺少相应的系统原生绑定之外,特定于操作系统背后的一个原因是,大多数事件循环是基于 selectors(选择器)模块实现的。

selectors 模块提供了一个基于 select 模块的高级 I/O 多路复用接口(multiplexing interface)。selectors 模块构建在 Select、poll、devpoll、epoll 或 kqueue 之上,具体情况取决于底层操作系统。selectors 模块中的块(block)负责设置 DefaultSelector,而 asyncio 模块需要使用 DefaultSelector。

selectors 模块中的 selector 选择方案如下所示:

```
if 'KqueueSelector' in globals():
```

```
    DefaultSelector = KqueueSelector
elif 'EpollSelector' in globals():
    DefaultSelector = EpollSelector
elif 'DevpollSelector' in globals():
    DefaultSelector = DevpollSelector
elif 'PollSelector' in globals():
    DefaultSelector = PollSelector
else:
    DefaultSelector = SelectSelector
```

注意：Windows 还有一个基于 I/O 完成端口（Input/Output Completion Port，IOCP）的 ProactorEventLoop 实现。

IOCP 的官方文档将它们描述为"在一个多处理器系统上处理多个异步 I/O 请求的高效线程模型"。

例如，如果需要使用 asyncio 子进程 API，则可以在 Windows 上使用 ProactorEventLoop。详情请见 https://www.python.org/downloads/release/python-370/。